大飞机出版工程　　总主编／顾诵芬

民机先进航电系统及应用系列

主编／冯培德　执行主编／金德琨

民用飞机
飞行记录系统
——"黑匣子"

Civil Aircraft Flight Recording System
—— "Black Box"

赵清洲　闫宝祝　冯小军　等／编著

上海交通大学出版社
SHANGHAI JIAO TONG UNIVERSITY PRESS

内容提要

在航空专业领域,飞机上具有坠毁保护功能的记录系统称为飞行记录系统,也称为黑匣子,包括飞行数据记录系统(FDRS)、驾驶舱话音记录系统(CVRS)、机载图像记录系统(AIRS)和数据链记录系统(DLRS)四种类型。由于飞行记录系统记录了大量的飞机飞行状态,机组操作情况,飞机各系统工作状况,音、视频以及空中和地面通信数据链信息,故可为飞行事故调查提供极其重要的客观依据。此外,飞行记录系统在飞行品质监控及飞行器的维护和状态监控等方面同样具有重要作用。为了更好地了解民用飞机飞行记录系统,本书对相关知识进行了较为详细的介绍,内容主要包括民用飞机飞行记录系统的发展历史,系统架构与功能,系统原理与关键技术,适用标准和适航审定要求,典型飞机和直升机飞行记录系统装机情况以及在飞行事故调查、飞行品质监控和日常维修监控方面的应用情况等内容,并对飞行记录系统的发展方向进行了展望。

本书可作为相关专业从业人员的参考资料、高等院校的辅助教材以及航空爱好者的科普读物。

图书在版编目(CIP)数据

民用飞机飞行记录系统:"黑匣子"/赵清洲等编著. —上海:上海交通大学出版社,2019(2020 重印)

大飞机出版工程

ISBN 978 - 7 - 313 - 22138 - 4

Ⅰ.①民… Ⅱ.①赵… Ⅲ.①民用飞机—飞行记录器

Ⅳ.①V241.4

中国版本图书馆 CIP 数据核字(2019)第 230972 号

民用飞机飞行记录系统——"黑匣子"
MINYONG FEIJI FEIXING JILU XITONG——"HEIXIAZI"

编 著 者:	赵清洲 闫宝祝 冯小军 等		
出版发行:	上海交通大学出版社	地　址:	上海市番禺路 951 号
邮政编码:	200030	电　话:	021 - 64071208
印　制:	上海盛通时代印刷有限公司	经　销:	全国新华书店
开　本:	710mm×1000mm　1/16	印　张:	21.75
字　数:	293 千字		
版　次:	2019 年 12 月第 1 版	印　次:	2020 年 6 月第 2 次印刷
书　号:	ISBN 978 - 7 - 313 - 22138 - 4		
定　价:	228.00 元		

民机先进航电系统及应用系列

编委会

总　序

国务院在 2007 年 2 月底批准了大型飞机研制重大科技专项正式立项,得到全国上下各方面的关注。"大型飞机"工程项目作为创新型国家的标志工程重新燃起我们国家和人民共同承载着"航空报国梦"的巨大热情。对于所有从事航空事业的工作者,这是历史赋予的使命和挑战。

1903 年 12 月 17 日,美国莱特兄弟制作的世界第一架有动力、可操纵、重于空气的载人飞行器试飞成功,标志着人类飞行的梦想变成了现实。飞机作为 20 世纪最重大的科技成果之一,是人类科技创新能力与工业化生产形式相结合的产物,也是现代科学技术的集大成者。军事和民生对飞机的需求促进了飞机迅速而不间断的发展,体现和应用了当代科学技术的最新成果;而航空领域的持续探索和不断创新为诸多学科的发展和相关技术的突破提供了强劲动力。航空工业已经成为知识密集、技术密集、高附加值、低消耗的产业。从大型飞机工程项目开始论证到确定为《国家中长期科学和技术发展规划纲要》的十六个重大专项之一,直至立项通过,不仅使全国上下重视起我国自主航空事业,而且使我们的人民、政府理解了我国航空事业半个世纪发展的艰辛和成绩。大型飞机重大专项正式立项和启动使我们的民用航空进入新纪元。经过 50 多年的风雨历程,当今中国的航空工业已经步入了科学、理性的发展轨道。大型客机项目其产业链长、辐射面宽、对国家综合实力带动性强,在国民经济发展和科学技术进步中发挥着重要作用,我国的航空工业迎来了新的发展机遇。

大型飞机的研制承载着中国几代航空人的梦想,在 2016 年造出与波音 737 和空客 A320 改进型一样先进的"国产大飞机"已经成为每个航空人心中奋斗的目标。然而,大型飞机覆盖了机械、电子、材料、冶金、仪器仪表、化工等几乎所有工业门类,集成了数学、空气动力学、材料学、人机工程学、自动控制学等多种学科，是一个复杂的科技创新系统。为了迎接新形势下理论、技术和工程等方面的严峻挑战，迫切需要引入、借鉴国外的优秀出版物和数据资料，总结和巩固我们的经验和成果，编著一套以"大飞机"为主题的丛书，借以推动服务"大型飞机"作为推动服务整个航空科学的切入点，同时对于促进我国航空事业的发展和加快航空紧缺人才的培养，具有十分重要的现实意义和深远的历史意义。

2008年5月，中国商用飞机有限责任公司成立之初，上海交通大学出版社就开始酝酿"大飞机出版工程"，这是一项非常适合"大飞机"研制工作时宜的事业。新中国第一位飞机设计宗师——徐舜寿同志在领导我们研制中国第一架喷气式歼击教练机——歼教1时，亲自撰写了《飞机性能捷算法》，及时编译了第一部《英汉航空工程名词字典》，翻译出版了《飞机构造学》和《飞机强度学》，从理论上保证了我们的飞机研制工作。我本人作为航空事业发展50年的见证人，欣然接受了上海交通大学出版社的邀请担任该丛书的主编，希望为我国的"大型飞机"研制发展出一份力。出版社同时也邀请了王礼恒院士、金德琨研究员、吴光辉总设计师、陈迎春总设计师等航空领域专家撰写专著、精选书目，承担翻译、审校等工作，以确保这套"大飞机"丛书具有高品质和重大的社会价值，为我国的大飞机研制以及学科发展提供参考和智力支持。

编著这套丛书，一是总结整理50多年来航空科学技术的重要成果及宝贵经验；二是优化航空专业技术教材体系，为飞机设计技术人员培养提供一套系统、全面的教科书，满足人才培养对教材的迫切需求；三是为大飞机研制提供有力的技术保障；四是将许多专家、教授、学者广博的学识见解和丰富的实践经验总结继承下来，旨在从系统性、完整性和实用性角度出发,把丰富的实践经验进一步理论化、科学化,形成具有我国特色的"大飞机"理论与实践相结合的知识体系。

"大飞机"丛书主要涵盖了总体气动、航空发动机、结构强度、航电、制造等专业方向,知识领域覆盖我国国产大飞机的关键技术。图书类别分为译著、专著、教材、工具书等几个模块;其内容既包括领域内专家最先进的理论方法和技术成果,也包括来自飞机设计第一线的理论和实践成果。如:2009 年出版的荷兰原福克飞机公司总师撰写的 Aerodynamic Design of Transport Aircraft(《运输类飞机的空气动力设计》),由美国堪萨斯大学 2008 年出版的 Aircraft Propulsion(《飞机推进》)等国外最新科技的结晶;国内《民用飞机总体设计》等总体阐述之作和《涡量动力学》《民用飞机气动设计》等专业细分的著作;也有《民机设计 1000 问》《英汉航空双向词典》等工具类图书。

该套图书得到国家出版基金资助,体现了国家对"大型飞机项目"以及"大飞机出版工程"这套丛书的高度重视。这套丛书承担着记载与弘扬科技成就、积累和传播科技知识的使命,凝结了国内外航空领域专业人士的智慧和成果,具有较强的系统性、完整性、实用性和技术前瞻性,既可作为实际工作指导用书,亦可作为相关专业人员的学习参考用书。期望这套丛书能够有益于航空领域里人才的培养,有益于航空工业的发展,有益于大飞机的成功研制。同时,希望能为大飞机工程吸引更多的读者来关心航空、支持航空和热爱航空,并投身于中国航空事业做出一点贡献。

2009 年 12 月 15 日

系列序

　　20世纪后半叶特别是21世纪初，信息技术的高速发展带动了其他学科的发展，航空信息化、智能化加速了航空的发展。航空电子已成为现代飞机控制和运行的基础，越来越多的重要功能有赖于先进的航空电子系统来实现。先进的航空电子系统已成为飞机先进性的重要标志之一。

　　如果将发动机比作飞机的"心脏"，航空电子系统则称得上是飞机的"大脑"和"中枢神经系统"，其性能直接影响飞机的自动化和智能化水平，对飞机的安全性、经济性、舒适性、可用性等有重要的作用。由于航空电子系统地位特殊，因此当今主流飞机制造商都将航空电子系统集成与验证的相关技术列为关键技术，这也是我国亟待突破的大飞机研制关键技术。目前，国家正筹备航电专项以提升航空电子系统的自主研发和系统集成能力。

　　随着国家对航空产业的重视，在"十二五""十三五"民机科研项目的支持下，在国产大飞机研制的实践中，我国航空电子系统在综合化、模块化方面取得了很大的进步。本系列图书旨在将我国广大工程技术人员在航空电子技术方面多年研究成果和实践加以梳理、总结，为我国自主研制大型民用飞机助一臂之力。

　　本系列图书以"民机先进航电系统及应用"为主题，内容主要涵盖航空电子系统综合技术、飞行管理系统、显示与控制系统、机载总线与网络、飞机环境综合监视、通信导航监视、航空电子系统软件/硬件开发及适航审定、客舱与机载信息系统、民机健康管理系统、飞行记录系统、驾驶舱集成设计与适航验证、系统安全性设计与分析和航空电子适航性管理等关键性技术，既有理论又有设计方法；既有正在运营的各种大型飞机航空电子系统的介绍，也有航空电子发展趋势的展望，具有明显的工程实用性，对大飞机在研型号的优化和新机研制具有参考和借鉴价值。本系列图书适用于民用飞机航空电子研究、开发、生产及管理人员和高等学校相关专业师生，也可供从事军用航空电子工作的相关人员参考。

本系列图书的作者主要来自航空工业无线电电子研究所、航空工业西安航空计算技术研究所、航空工业雷华电子技术研究所、航空工业综合技术研究所、中国电子科技集团航空电子公司、航空工业陕西千山航空电子有限责任公司、上海交通大学以及大飞机研制的主体单位——中国商用飞机有限责任公司等专业的研究所、高校以及公司。他们都是从事大飞机航空电子系统研制的专家和学者，在航空电子领域有着突出的贡献、渊博的知识和丰富的实践经验。

大型民用飞机的研制承载着中国几代航空人的梦想，制造出先进的国产大飞机已经成为每个航空人奋斗的目标。本系列图书得到 2019 年国家出版基金的资助，充分体现了国家对"大飞机工程"的高度重视，希望该套图书的出版能够为国产大飞机的研制服务。衷心感谢每一位参与编著本系列图书的人员，以及所有直接或间接参与本丛书审校工作的专家学者和上海交通大学出版社的"大飞机出版工程"项目组，在大家的共同努力下，这套丛书终于面世。衷心希望本系列图书能切实有利于我国航空电子系统研发能力的提升，为国产大飞机的研制尽一份绵薄之力。

由于本系列图书是国内第一套航空电子系列图书，规模大、专业面广，作者的水平和实践经验有限，不妥之处在所难免，敬请读者批评指正！

民机先进航电系统及应用系列编委会

《民用飞机飞行记录系统》编写组

主　编　赵清洲　闫宝祝　冯小军

编写组　多　思　王博伟　屠晓涛　周鹏甲　王　科

　　　　陈　蓉　黄汉清　陈　军　胡小卫　刘长卫

　　　　李学仁　杜　军　孙庆亚　孙荣志　刘海波　罗　锐

前　言

飞行记录系统是飞机、直升机的必装设备,为事故原因分析和事件调查、飞机维护等提供了客观依据,也正因为其与飞行事故联系在一起,所以得到了人们的高度关注。习惯上将飞行记录系统称为"黑匣子",长期以来人们对黑匣子倍感神秘,想了解其具体情况。

本书是"大飞机出版工程·民机先进航电系统及应用"系列丛书之一,旨在帮助读者对飞行记录系统有一个初步的认识。本书介绍了飞行记录系统的发展历程、基本组成及工作原理、标准及适航审定、应用以及对未来发展的展望等内容。

全书由赵清洲负责总体构思,由编写组成员共同编著。本书共分为7章,第1章由多思、王博伟撰写;第2章由屠晓涛、刘长卫、李学仁撰写;第3章由周鹏甲、杜军、孙庆亚撰写;第4章由冯小军、王科撰写;第5章由陈蓉、黄汉清撰写;第6章由闫宝祝、孙荣志撰写;第7章由多思、刘海波、罗锐撰写;陈军、胡小卫承担了全书相关参考资料的搜集和翻译,相关术语、标准、文字、插图和表格的编写和编排工作;闫宝祝、冯小军负责全书内容的审查和校对;李俊峰、杨启勤、徐彤、刘浩、柯燕、冯九胜等参与了全书的审校工作。

本书在编著过程中得到了金德琨、姚勃、马存宝三位专家的大力支持和帮助,在此表示衷心的感谢!

由于时间仓促及水平有限,书中存在的错误和疏漏之处,敬请广大读者批评指正。

民用飞机飞行记录系统编写组

目　录

7 展望 / 301

1

绪 论

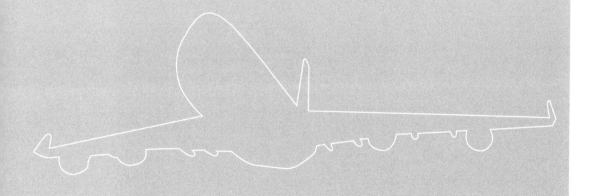

1.1　飞行记录系统

众所周知,飞机失事后要寻找飞机的黑匣子,那么飞机的黑匣子和飞行记录系统之间的关系又是什么呢? 黑匣子其实是飞行记录系统的俗称,它并不是黑色的,而是一个亮橙色的盒子。黑匣子采用特殊材料,经过特殊工艺制成,具有高空坠地摔不碎、火烧不透、海水泡不坏、便于搜寻等特点。在飞机失事后,找到它就能为还原事实真相提供重要帮助。

飞行记录系统是用于采集、记录飞行过程中飞行数据、音频、视频和数据链信息的飞机专用电子记录设备。国际民航组织在《国际民用航空公约》附件 6 中根据记录数据信息的类型将飞行记录系统分为四类:飞行数据记录系统(flight data recording system,FDRS)、驾驶舱话音记录系统(cockpit voice recording system,CVRS)、机载图像记录系统(airborne image recording system,AIRS)和数据链记录系统(data link recording system,DLRS)[1]。其中 FDRS 主要记录了飞机飞行状态信息、操纵系统工作状态信息、发动机工作状态信息以及飞机其余各子系统及设备相关信息等;CVRS 主要记录了机组内话、陆空通话、各种告警音和驾驶舱环境音等信息;AIRS 主要记录了驾驶舱仪表显示信息、机组操作信息等;DLRS 主要记录了传送到和来自航空器的通信、导航、监视和空中交通管理(CNS/ATM)信息等。

飞行记录系统能把飞行器停止工作或失事坠毁前的对话音频信息、视频信息、与塔台通信的数据链信息及飞行数据信息(如飞行高度、速度、航向、爬升率、下降率、加速情况、耗油量、起落架放收情况、格林尼治时间、飞机系统工作状况和发动机工作状态等)记录下来,并存储于具有坠毁保护功能的坠毁保护存储单元(crash survivable memory unit,CSMU)中,为飞行事故调查提供关键且客观的证据。随着航空电子技术的迅猛发展和飞机性能的高速提升,飞行记录系统不仅在事故调查中对判断事故原因起着至关重要的作用,而且还广泛地应用于飞行品质监控和飞行器维护和状态监控,在民用航空的飞行安全管理中发挥着越来越重要的作用。

1.2　飞行记录系统发展历程

1.2.1　国外飞行记录系统的发展

1.2.1.1　国外飞行记录系统技术的发展

国外在飞行记录系统领域的研究起步较早,最初用于科研试飞,后来拓展到飞行事故调查应用中。20世纪50年代初诞生了符合现代意义的第一代飞行数据记录器(flight data recorder,FDR),具有初步的坠毁保护能力,在事故调查中发挥着重要作用。经过半个多世纪的发展,飞行记录系统技术水平取得了很大进步,相关产品已配装于多型飞机。

早在20世纪初美国莱特兄弟首次实现动力飞行时,有关飞行的相关参数就记录在一台原始的FDR中,这些参数包括发动机螺旋桨的旋转、飞机在空中飞行的距离以及飞行时间等。

1939年,法国人Francois Hussenot发明了基于照相原理的FDR,将数据记录在一张长8 m、宽88 mm的照相纸上;后来英国人还发明了使用钢丝作为记录介质的记录器[2]。不过这些记录器只能记录很少几个飞行数据且不具有坠毁保护能力,发生飞行事故后数据难以保存;因此主要用于飞行试验,不适合用于飞行事故调查。

随着飞行事故不断增加,为了更准确地揭示飞行事故的原因,美国民用航空委员会(Civil Aeronautics Board,CAB)于1941年提出了在飞机上安装用于飞行事故调查的、有坠毁保护能力的飞行记录器的想法,并起草了一部民用规范[3]。

真正意义上的第一台具有坠毁保护能力的飞行记录器是 1953 年由 Lockheed 公司生产的,型号为 109 - C。记录器被封装在一个直径为 15 in (0.38 m)的不锈钢球体中,有较高的耐机械磨损、耐热和耐腐蚀能力,所需记录的数据通过花针刻录在箔带上,能够记录飞机的航向、高度、空速、垂直过载和时间 5 个参数,记录时间接近 200 h。该记录器虽然原始,却是真正意义上的 FDR。与许多技术和产品一样,需求、技术进步和材料革命推动着飞行记录器的发展。

早期的飞行记录器是用铝箔、钢丝作为记录介质的,记录容量小,数据种类和精度不高,无法精准得出事故发生的原因;而且机械结构复杂,为使其正常工作必须进行频繁的、昂贵的维护工作;还原、解调记录的模拟信息比较困难,准确度也差。

磁带记录器最初是用来记录声音的,直到 20 世纪 70 年代初,随着数字化技术的发展,美国记录器设备制造商率先研制出了磁带数字化飞行数据记录器(digital flight data recorder,DFDR)。DFDR 是根据美国航空无线电公司(Aeronautical Radio,Incorporated,ARINC)制定的 ARINC 573 数据传输规范设计的,该规范涉及数据采集、数据编码、数据传输和接口设计等内容。DFDR 以数字的方式记录数据,记录介质为磁带。DFDR 与数字化飞行数据采集器(digital flight data acquisition unit,DFDAU)组合共同构成飞行数据采集记录系统,飞行数据信息通过数据采集器获取和编码后,再发送给 FDR 进行记录。

DFDR 的典型产品是 Lockheed 公司的 209 型记录器。该记录器系统由 FDR、飞行数据采集器(flight data acquisition unit,FDAU)、飞行数据接口面板、变换器以及遍布全机的传感器等组成。记录器在每英寸磁带上能记录 1 670 字节的数据,磁带每秒走带 0.46 in(11.684 mm),有 6 个磁道,每个磁道可记录超过 4 h 的数据。磁道 1、3、5 在前进方向上记录,磁道 2、4、6 在后退方向上记录。全部磁道都记满后,可记录超过 25 h 的数据。因为记录方式为循环记录,所以磁带上保留的数据始终是飞机最近 25 h 的飞行数据。

由于磁带记录器相对于箔带记录器具有可重复记录、数据扩展方便及有利于采用计算机辅助信息处理等优点,因此采用磁带以数字方式对信息进行记录是飞行记录系统发展历史上的一次伟大革命,标志着飞行记录系统的发展有了质的飞跃。

较早的磁带记录器也采用模拟记录方式,后随着电子技术的发展而逐渐转变为数字记录,记录数据由原来的若干个发展到几十、上百个;采样速率和记录精度也不断提高。这些改进增加了记录的信息量,为尽可能完整地了解飞机及机上系统的状态提供了依据。

20 世纪 80 年代初期,随着航空电子技术的发展,出现了数字式航空电子系统,ARINC 429 数字式数据总线和 ARINC 717 数字式飞行数据采集器的应用极大增强了飞行数据采集记录系统的采集记录能力。飞机大多数系统的数据经 ARINC 429 数据总线传输给 DFDAU,DFDAU 按照一定的帧格式进行编码,再传输给 DFDR,最终 DFDR 以数字的形式将数据记录在磁带上。这种记录器可记录更多的飞行参数,能够保留至少最后 25 h 的飞行数据,循环记录无须经常更换磁带,同时满足了坠毁保护和火烧保护的更高要求。然而,磁带式记录器存在着机械运动结构复杂、需要维护、故障率高等缺点。

20 世纪 80 年代末期,固态存储技术伴随计算机、大容量半导体存储器以及通信技术等的发展逐渐成熟起来,美国等发达国家开始研制基于固态存储技术的 FDR,并在 20 世纪 90 年代初开始装备于民用运输机使用,如美国 Lockheed 公司的 2100 系列 FDR、Fairchild 公司的 F1000 型 FDR、Sundstrand 公司的 SSFDR 以及法国 Sfim 公司的 FDR 等。1990 年,L3 公司成功研制出固态 FDR,并于同年将该记录器投入市场,该 FDR 是最早获得美国适航部门认证的具有固态存储技术的记录器。

与磁带记录器相比,一方面固态记录器不需要定期修理或维护,可靠性高,降低了维护费用;另一方面存储介质体积小,坠毁保护存储单元不仅可以做得很小,而且坠毁保护性能也可以提高,固态记录器最终的体积相对于磁带记录器小很多,有利于机上安装。此外,采用固态存储技术,存储在记录器中的飞行数据可以快速下载,减少了数据转录时间,有利于提高工作效率。因此,自固态记录器出现以来,得益于上述固态记录器的特点,使得其快速代替磁带记录器,成为记录器中的主流产品。尽管目前还有一些老旧飞机上仍然安装有磁带记录器,但记录器厂家已经不再生产该类型的记录器。

伴随航空电子技术的迅猛发展,需要传输和记录的数据量急剧增加,飞行记录系统在记录飞行数据的基础上,增加了数字语音信息、数字视频信息等,同时,数据交换的速度也得到了提高。传统的 ARINC 429 等数字总线已经不能满足飞行记录系统的数据交换需求,因此适应新一代航空总线如航空电子全双工交换式以太网(avionics full duplex switched ethernet,AFDX),及多种数据类型记录能力的飞行记录系统具有极其明显的技术优势,其使用的新一代总线系统可以提供更高的带宽、更高的可靠性和更低的延迟性;其强大的数据交换和记录能力可以支撑航空器长航时、多数据类型的要求,在航空电子系统构架中具有重要地位。

飞行记录系统与飞机上的数据采集、数据交换以及航空电子系统交联紧密,因此与此相关的技术发展可以用几个词来描述。

(1) 高性能,表现为飞行记录器不断提高的坠毁保护能力、数据存储能力、数据交换能力和数据处理能力。

(2) 综合化,表现为将不同类型的数据(飞行数据、语音数据、视频数据、通信导航监视数据)综合记录在同一个记录器中,代替前期的四个独立的记录器。

(3) 小型化,表现为在有限的质量和体积条件下,满足日益提高的坠毁保护要求。

(4) 分布式,表现为要求被记录的信息不再传送至一个集中的数据采集器,大量的小型远程数据集中器(remote data concentrator,RDC)安放在不同的传感器和信息源端,就近进行数据采集和转换,并通过数字总线与综合化的航空电子系统、记录器交换数据。这样做能减少电缆的敷设长度、减轻电缆重量，并提高可靠性。一个集中的数据采集器的功能被多个分布在飞机各处的RDC替代，显著提高了数据采集和处理能力。

1.2.1.2 国外飞行记录系统标准和规范的更替

国外在发展飞行记录系统技术的同时，十分重视该领域系统标准和规范的建设工作，将技术进步的成果与需求相结合，先后编制和不断更新飞行记录器的相关标准和规范。这些标准和规范的制定为飞行记录系统的设计、验证、制造、合格审定及管理奠定了坚实的基础。记录器生产商遵循这些标准和规范进行设计、研制、生产和验证。

美国是最早制定飞行记录系统技术标准和规范的国家，20世纪50年代，美国联邦航空管理局（Federal Aviation Administration，FAA）制定了飞行记录器的第一个标准。20世纪80年代末，欧洲民用航空设备组织（European Organization for Civil Aviation Equipment，EUROCAE）制定了飞行记录器抗坠毁保护能力标准。除此之外，国际民用航空组织（International Civil Aviation Organization，ICAO）为了确保国际间航行的民航飞机的适航性需要，对飞机安装飞行记录器也提出了一系列要求。ARINC也制定了一系列设计规范，用于飞行记录系统产品研发设计，并在世界范围内被广泛采用。在随后的几十年里，飞行记录系统的相关技术标准和规范得到了迅猛的发展。

国外有关飞行记录系统的技术标准和规范主要分为三类：一类为FAA制定的飞行记录器技术标准指令（technical standards orders，TSO），该标准是强制标准；另一类为EUROCAE制定的飞行记录系统最低性能规范，该规范一般会被TSO标准引用，构成TSO标准的一部分；还有一类是ARINC制定的飞行记录系统设计规范，为飞行记录系统的研制及安装提供设计指南。

1) FAA制定的飞行记录器相关TSO技术标准

根据飞行记录器记录数据类型的不同，将记录器分为飞行数据记录器、驾驶舱话音记录器、驾驶舱图像记录器、数据链记录器4类；每一类采用一个

TSO 的标准。分别为 TSO - C124、TSO - C123、TSO - C176 和 TSO - C177 系列,目前发布的最新版标准如表 1 - 1 所示。

表 1 - 1 有关飞行记录器的最新版 TSO 标准

发布年	标准号	标准名称	标准简述
2013 年	TSO - C124c	飞行数据记录器	规定飞行数据记录器为取得 TSO 适航标签的相关技术要求、管理要求和适航认证要求
2013 年	TSO - C123c	驾驶舱话音记录器	规定驾驶舱话音记录器为取得 TSO 适航标签的相关技术要求、管理要求和适航认证要求
2013 年	TSO - C176a	驾驶舱图像记录器	规定驾驶舱图像记录器为取得 TSO 适航标签的相关技术要求、管理要求和适航认证要求
2013 年	TSO - C177a	数据链记录器	规定数据链记录器为取得 TSO 适航标签的相关技术要求、管理要求和适航认证要求

TSO - C124 系列标准体现了飞行数据记录器标准的发展方向。TSO - C124 起源于 TSO - C51《飞机飞行记录器》标准,TSO - C51 是 FAA 最早制定的飞行数据记录器技术标准规定,该标准于 1958 年 8 月制定并颁布实施,其中对飞行数据记录器数据记录范围、环境适应性、采样间隔和记录数据类型等进行了规定,同时规定坠毁保护条件如下:承受 100g(100 倍重力加速度)、持续 11 ms 的强冲击;于高温 1 100℃ 半包围持续 30 min 的火烧和 36 h 的海水浸泡。1966 年 FAA 又颁布了 TSO - C51a,代替 TSO - C51,将强冲击指标提高到承受 1 000g、持续 5 ms,同时增加了静态挤压、腐蚀性液体浸泡、抗穿透的试验要求。1991 年 FAA 参照 EUROCAE 制定的 ED - 55《飞行数据记录系统最低性能要求》,推出了 TSO - C124 标准,该标准相比于 TSO - C51a,将强冲击指标从承受 1 000g、持续 5 ms 提高到承受 3 400g、持续 6.5 ms;高温火烧要求火焰包围的记录器面积由 50% 提高到 100%,海水浸泡时间由 36 h 增加到 30 天,增加耐 6 000 m 深海压力要求等。1996 年 FAA 将其修订为 TSO - C124a,

将耐高温火烧时间由原来的 30 min 提高到 60 min,增加了于 260℃持续 10 h 的低温火烧性能要求。截至目前,TSO - C124 技术标准历经多次完善,于 2013 年发布了最新版 TSO - C124c。

TSO - C123 系列标准规范了驾驶舱话音记录器标准的发展。随着飞行器技术的发展,人们在使用中发现,仅仅记录飞行数据对飞行事故的调查是远远不够的,从而研发了 CVR。驾驶舱话音记录器能够为事故调查人员提供驾驶舱各种环境声音,机组人员之间的语言沟通以及机组与塔台的语音沟通,弥补了 FDR 只能记录飞行数据,不能提供语音信息的不足。参照 FDR 坠毁保护标准,FAA 于 1964 年颁布了 TSO - C84《驾驶舱话音记录器》标准,用于规范驾驶舱话音记录器的设计和制造,TSO - C84 标准的主要坠毁保护条件与 TSO - C51 基本相同,不同之处是海水浸泡时间为 48 h。1991 年 FAA 参照 EUROCAE 制定的 ED - 56《驾驶舱话音记录系统最低性能要求》,推出了 TSO - C123 标准,该标准在坠毁保护能力方面的要求与 FDR 的 TSO - C124 标准相同。1996 年 FAA 将其修订为 TSO - C123a,该标准在坠毁保护能力方面的要求与 FDR 的 TSO - C124a 标准相同。截至目前,TSO - C123 技术标准历经多次完善,于 2013 年发布了最新版 TSO - C123c。

TSO - C176 系列标准规范了驾驶舱图像记录器的发展。2003 年,EUROCAE 根据 FDR 技术以及飞机的技术发展颁布了 ED - 112《坠毁保护机载记录系统最低工作性能规范》,其中首次出现了图像记录器系统的最低性能要求。为此,FAA 于 2006 年参考 ED - 112 首次颁布了 TSO - C176 标准。随着飞机使用范围的不断扩大,公众对于航空安全意识的不断提升,图像采集存储技术、分析技术、数据同步等发展,推动了驾驶舱图像记录器的出现和发展。FAA 于 2013 年发布了最新版 TSO - C176a。

TSO - C177 系列标准规范了数据链记录器技术标准的发展。2003 年,EUROCAE 颁布的 ED - 112 中首次出现了数据链记录器系统的最低性能要求。为此,FAA 于 2006 年参考 ED - 112 也相应颁布了 TSO - C177,并于

2013 年发布了最新版 TSO - C177a。

2）EUROCAE 制定的飞行记录系统最低性能规范

1990 年，EUROCAE 成立了飞行记录系统工作组，成员包含事故调查员、飞机和飞行记录系统制造商、条例编写人员等。该组织于 1990 年 5 月颁布了 ED - 55《飞行数据记录系统最低性能要求》，于 1993 年 12 月颁布了 ED - 56A《驾驶舱话音记录系统最低性能要求》。随后根据飞行事故调查的需要和飞行记录系统技术的发展，于 2003 年对上述两部规范进行修订，重新颁布了新的《坠毁保护机载记录系统最低工作性能规范》，即 ED - 112，用于取代原有的 ED - 55 和 ED - 56A。ED - 112 主要规定了能记录飞行数据、驾驶舱话音、图像和数据链数据信息的飞行记录器的最低性能要求，并增加了图像记录、自动弹射式记录器、组合式记录器等内容。2009 年 7 月，EUROCAE 又颁布了 ED - 155《轻型飞行记录系统最低性能要求》，专门针对轻型飞行记录器提出了相关技术要求。2013 年 9 月，EUROCAE 颁布了 ED - 112A，用于替代 ED - 112。

EUROCAE 发布的有关飞行记录系统的规范对飞行记录系统的坠毁保护性能、环境适应性、试验方法和安装等方面提出了具体要求。其中 ED - 112 系列涉及的内容丰富，具有代表性，旨在为记录器的设计和研发提供更全面、更可靠的规范，适用于民用飞机飞行记录系统研制、试验等。

3）ARINC 制定的飞行记录系统设计规范

国外关于飞行记录系统的产品规范主要以 ARINC 制定的设计规范为主，该规范对飞行记录系统的系统架构、功能、信号获取方式、记录数据格式、电气接口、物理特性以及数据下载特性等方面均做了具体要求，是进行产品研制的重要依据。使用 ARINC 设计规范本质上有利于航空公司，它允许航空电子设备具有互换性与通用性，并可通过竞争降低航空电子设备的成本。

几十年来，ARINC 组织制定了大量关于飞行记录系统的设计规范。1966 年，ARINC 发布了第一部飞行数据记录器规范 ARINC 542《机载示波飞行数据记录器》，规范了箔带记录器或以波形曲线方式进行记录的飞行数据记录器的设计。1970 年 4 月，ARINC 发布了数据采集和记录系统的技术规范 ARINC 573，该规范使数据采集成为一个独立部分，从而将飞行数据记录系统分为 FDAU 和 FDR 两个组件，且规定了"每 4 秒组成 1 帧，每帧有 4 个子帧，每个子帧有 64 个字，每个字 12 位"的数据记录基本格式，使得记录参数达到近百个。1978 年，ARINC 又颁布了 ARINC 717《飞行数据采集和记录系统》技术规范，该规范规定了 ARINC 717 数据记录格式，拓展了 ARINC 573 数据记录格式，采用超级帧和提高记录速率的方法，将记录速率由 64 字/秒提高到 128 字/秒、256 字/秒、512 字/秒，从而使得记录参数增加到几百个。ARINC 717 的实际应用广泛，且不断更新换代，截至 2011 年已更新发布第 15 个版本。1990 年，ARINC 颁布了 ARINC 747《飞行数据记录器》，该规范适用于固态存储器式的 FDRS。1999 年，ARINC 颁布了 ARINC 757《驾驶舱话音记录器》，是专门针对驾驶舱话音记录器编制的。近年来，ARINC 为了适应新一代飞行记录系统的发展，在修订已有规范的同时，又相继颁布了新的规范，2006 年颁布了 ARINC 767《增强型机载飞行记录器》，用于规范综合型飞行记录系统的研制。

伴随着上述飞行记录系统标准和规范的制定与发布，国外发达国家已经建立了完善的飞行记录系统标准体系，包括一系列技术标准。同时，美国空军还颁布了关于飞行记录系统的法规和政策指令。此外，国外还根据技术发展和产品使用中暴露的问题，及时总结经验教训，不断修订、完善标准体系。

1.2.2　国内飞行记录系统的发展

1.2.2.1　国内飞行记录系统技术发展

1979 年，我国开始研制用于记录飞行数据的飞行记录系统。最早研制的飞行记录系统采用磁带作为记录介质，能记录几十个数据。

1986 年，我国研制出一种用于运输机的磁带式飞行记录系统，记录时间长（可达 25 h），采用中、大规模集成电路，具有 CSMU，其坠毁保护性符合 TSO－C51a，可用于事故调查和分析，相当于国外的通用飞行数据记录器，并于 1991

年取得中国民用航空局(Civil Aviation Administration of China, CAAC)颁发的适航证书。

1990—1999 年,为了进一步提高记录器的坠毁保护能力,国内将部分记录器的一体式结构改为分体式结构,将其安装在飞机尾部。同时,将磁记录改为固态存储器[3]。本代产品的特点主要是记录介质固态化,CSMU 材料性能更高,抗强冲击指标提高到 1 700g,持续时间为 6.5 ms;此外,逐步实现产品小型化,记录数据增加,数据下载和处理时间更快,应用了国际上最新的微电子技术与计算机技术,采用了存储量更高的 Flash 存储器芯片。

2005 年至今,我国研制的飞行记录系统具有机务维护、快速故障诊断和飞行品质评估等功能。本代产品特点主要表现为坠毁保护性能指标满足 TSO - C124c 的要求并增加音、视频记录功能;记录数据达 1 000 个以上。

1.2.2.2 国内飞行记录系统标准规范及法规的更替

国内在飞行记录系统研发的过程中,也陆续开展了一些将标准本土化的工作,并根据国内产品的发展现状,通过参考国外标准编制了相关技术标准,规范了该领域产品的设计、研制、试验和生产工作。

1) 中国技术标准

中国技术标准(China technical standard order, CTSO)是由 CAAC 颁布的,规定了装于民用航空器上的材料、零部件和机载设备的最低性能标准,每一份 CTSO 都是 CCAR - 37《民用航空材料、零部件和机载设备技术标准规定》的一部分。根据 CCAR - 37 的要求,CTSO 是在接受适航审查时必须遵守的准则。

我国相继推出的 CTSO 标准在一定程度上参考了国外对应的标准,标准序号在国外标准的基础上,在前面增加一个"C"以示区别,如 CAAC 于 2016 年6 月发布的 CTSO - C123c《驾驶舱话音记录器》技术标准,以及 8 月发布的 CTSO - C124c《飞行数据记录器》技术标准。当然我国也根据实际发展的需要,制定了一些不同于 FAA、欧洲航空安全局(European Aviation Safety

Agency，EASA)的 CTSO,如针对无线快速存取记录器(wireless quick access recorder，WQAR)、驾驶舱话音快速存取记录器(quick access cockpit voice recorder，QACVR)分别制定了相应的技术标准。

2) 国内航业标准

1990 年 4 月颁布的 HB 6436 - 1990《机载飞行数据记录器最低性能标准》对记录器的工作环境、记录参数采样率、参数范围、精度、在标准实验条件和环境实验条件下的工作性能和坠毁保护能力等提出了具体要求,其中对记录器的坠毁保护能力要求主要参照 FAA 的 TSO - C51a 制定。

1994 年 10 月颁布的 HB 7107 - 1994《民用航空器座舱音频记录器最低性能要求》对民用驾驶舱话音记录器的记录通道、记录信息、记录速度、在标准实验条件和环境实验条件下的工作性能以及坠毁保护能力等提出了具体要求,其中对记录器的坠毁保护能力要求主要参照 FAA 的 TSO - C84 制定。

由于我国民用飞机起步较晚,飞行记录器系统的标准主要借鉴国外飞机飞行记录器的相关标准,所制定的标准和规范不够完善,没有形成很好的体系,更新也较缓慢,阻碍了我国飞行记录器专业的发展,因而在加大对国外标准的引进与转化力度之时,需要进一步开展自主创新,从而令民用飞行记录系统的标准体系更加完善。

1.3 飞行记录系统的应用

飞行记录系统在航空领域不仅具有协助事故调查的能力,而且作为一整套飞行记录系统,其在飞行品质监控、飞行器维护和状态监控中都发挥着不容忽视的作用。

1.3.1　飞行记录系统在航空事故调查中的应用

飞行记录系统能为航空事故调查提供依据。航空事故调查一般包括飞行事故调查和地面事故调查。飞行事故是指航空器在运行过程中发生的人员伤亡、航空器损坏的事件；地面事故是指在机场活动区内发生航空器、车辆、设备、设施损坏，造成直接经济损失或导致人员重伤、死亡的事件。

纵观百年航空发展史，不难看出航空发展史就是人类与飞行事故斗争的历史，是航空界积极发展航空科学技术、不断吸取飞行事故教训、提高飞行安全水平、降低事故率的历史。

飞行事故涉及面宽、影响大，虽然目前飞行事故发生的绝对数量非常少，但由于媒体的高度发展，使得飞行事故发生后人们产生的恐慌心理将很快在世界范围内传播，从而严重动摇人们对航空飞行安全的信心。一旦发生飞行事故，必须尽快查明事故原因，一方面可以有针对性地采取相应的飞行安全措施，预防同类事故再次发生；另一方面也可以给整个社会一个明确的交代，安抚公众的恐慌情绪，尽快树立公众对航空安全的信心。

飞行事故调查的证据来源很多，这些证据来源可分为两大类：客观证据来源和主观证据来源。客观证据来源指各种客观记录设备、飞行调度资料、飞机的维护记录和事故现场勘查到的其他客观证据等；主观证据则主要来源于目击证人及幸存人员的证言、证词等。

在未能使用记录器数据进行飞行事故调查前，调查人员主要依据事故飞行器的残骸、机组成员和目击证人的描述进行分析，查找事故原因。通常证据不完整，使得调查极为困难。

引起飞行事故的因素有很多，经过对历次事故统计分析，可归纳为如下三种主要因素。

（1）人为因素：驾驶员的不当操作、机上人员被劫持、飞行器被人为击落等。

（2）航空器因素：航空器上安装的影响飞行安全的部件及设备故障。

（3）气象因素：引起飞行器事故的灾难性气象条件。

当记录上述三种因素的相关数据时，飞行记录系统可提供客观证据。通过飞行记录系统所存储的数据信息，可以很好地了解发生飞行事故前驾驶员的操作，飞机及其子系统、设备的运行情况以及气象条件等。当飞行事故发生后，通过对飞行记录系统数据译码，可以将数据信息以曲线、报表以及三维动画等方式提交给飞行事故调查人员，也可以将话音记录器记录的驾驶舱话音信息提供给飞行事故调查人员，为飞行事故调查提供帮助。

由于飞行记录系统中记录着驾驶员的操作记录、飞机舵面偏转等信息，因此在排除飞机设备故障导致飞行事故的情况下，可利用飞行记录系统所记录的驾驶员的相关操作数据及飞机响应数据，对驾驶员的相关操作进行分析，从中寻找可能存在的操作问题，如下所示。

（1）飞机在起飞过程中操作不当导致的事故。

（2）飞机在着陆过程中操作不当导致的事故。

（3）飞机在飞行过程中操作不当导致的事故。

对于由设备因素导致的飞行事故，在飞行数据中也会有所反映。

天气因素是导致飞行事故发生的另一个主要原因。当飞机遭遇雷暴、大雾天气时，强烈的大气湍流以及低能见度可能严重威胁飞行安全；当飞机在寒冷、潮湿的天气中飞行时，结冰同样也会对飞行安全造成严重威胁。

飞行记录系统为事故原因提供客观依据，同时也为飞机制造商提供了另外一种用途，即为飞机设计（包括改进设计）提供依据，为飞机制造商完善飞机设计提供有效的帮助。

1.3.2 飞行记录系统在飞行品质监控中的应用

飞行品质监控是一种主动性的预防和减少飞行事故的安全监管技术手段，在航空公司日常运行监控中得到了广泛应用。按照飞行安全基金会（Flight Safety Foundation，FSF）的定义，飞行品质监控是通过对记录器记录的飞机在飞行过程中的一系列飞行数据进行科学分析,发现飞行安全隐患、提高飞行操作的安全性、改善空中交通管制程序、指导机场与飞机的设计与维护,其在预防飞行事故、保证航空运输持续安全方面发挥了重要的作用。

飞行记录系统中记录的飞行操作记录和飞行状态数据信息等能准确反映飞机实际飞行情况,通过这些数据可有效监控机组的操作动作,客观评估机组操作质量。

从单个飞行数据来看,飞行记录系统记录的是某驾驶员某架次飞机的飞行数据和信息;从某个驾驶员一段时间的飞行数据集合来看,飞行数据不仅是简单叠加,而且也描绘了一名驾驶员的飞行技术成长轨迹;从整个航空公司飞行一段航线的飞行数据来看,这个航线的所有飞行数据反映了航空公司整体的飞行技术水平变化趋势。因此,对飞行记录系统所记录的数据进行深入挖掘能够在飞行品质安全监控等方面发挥积极作用。

在单机监控方面,按照飞行品质要求,结合航空公司实践经验和飞行事故教训,建立影响飞行安全的各类监控模型,将平时飞行中可能出现的危险动作、较大偏差和设备使用错误等安全隐患纳入监控范围,分析飞行记录系统记录的数据,完成单架次飞行数据智能判断。同时,通过利用飞行记录系统的数据信息实现三维飞行状态再现,呈现出每个飞行动作的完成情况及整个飞行过程,从而可以直观地实现对飞行操作品质的识别和监控。

在机群监控方面,可对一定时期的所有架次飞行数据文件进行群判读,将判读出的告警信息、飞行极值信息及飞行动作信息自动放入其所属飞行日的判读数据库中,最终形成一段时期(如一季度、半年或全年)的飞行品质数据库,为检查和掌握机群飞行品质提供快速、高效的技术手段。

评价飞行品质的质量不仅要看驾驶员驾驶飞机的能力,而且要看驾驶员应对危机的能力,因此质量评估标准不仅要考虑因素的全面性,而且要考虑因素的精准性。只有建立科学合理的质量评估体系,才能给飞行品质以积极正确的导向,促进驾驶员全面提高飞行能力。

飞行记录系统在飞行质量评估方面起到了不可忽视的作用。它能对飞机动态、航迹、设备使用、飞机发动机工作情况、仪表和平视显示器的显示等进行全面记录和再现,有利于客观评定飞行品质。

1.3.3　飞行记录系统在飞行器日常维护和状态监控中的应用

日常维护和状态监控是当前飞行器维修保障采用的通常方法,它采用先进的预测技术,能够将故障消除在演变阶段,并通过对各种信息资源的综合运用,制订科学的维修计划和方案。因此,关于日常维护和状态监控的定义可以归纳如下:利用传感器采集系统的各种数据信息,借助各种智能推理算法诊断系统自身的健康状态,在系统故障发生前对其进行预测,并结合各种可利用的资源信息提供一系列的维修保障措施以实现系统的视情维修。

数据采集设备、FDR 和快速存取记录器(quick access recorder,QAR)在飞行器日常维护和状态监控体系中提供两部分层级。一部分是数据采集层,通过传感器采集飞机有关系统状态监控的各种功能、性能数据;另一部分是数据处理层,数据采集层采集的数据以无线或其他方式传送到数据处理层,经过去噪、挖掘和融合处理,为后续应用提供可用数据。

飞行记录系统在日常维护和状态监控中为飞机维护提供数据基础。飞行器中的信号经过机上设备前期处理后将进行数据融合。数据融合可对飞行记录系统所记录的单个或多个数据信息进行整合与特征值提炼,输出与机体结构或机载系统健康状态相关的信息。事实上日常维护和状态监控系统在信号提取、故障检测、诊断和预测、状态评估、决策支持等各个阶段都需要广泛使用数据融合。

飞机在获取相关信息后,可将其与预先设定的飞机机体结构及系统健康状态阈值进行比对分析。当监测到的健康状态信息偏离健康状态阈值时,飞机将自动生成故障诊断信息,同时以一定置信度提出可能的故障状态或寿命预测。

飞行记录系统可以采集、记录飞机飞行数据、音频数据、视频数据、数据链数据等多类型信息；通过对飞行数据及数据链数据的分析、解析及深入挖掘，将数字信息以曲线、报表、图形的形式进行描述，可以有效地分析飞机飞行轨迹、过载、航向、姿态等重要信息，构建飞机飞行数据模型库，对飞机健康趋势进行预测，有效地提升飞机维护和状态监控能力，使得飞机维护人员能够全面了解飞机信息及其部件的健康状态，实现预防性维修，降低安全风险。尤其在竞争激烈的民用航空领域，对于提高飞机的安全性、可靠性、经济性具有举足轻重的作用。

2

民用飞机飞行记录
系统架构与功能

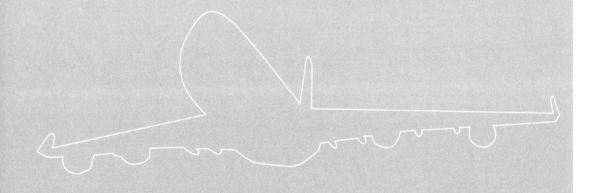

本章介绍了飞行数据记录系统、驾驶舱话音记录系统、机载图像记录系统和数据链记录系统的架构、功能与工作原理。

2.1 飞行记录系统的功能

飞行记录系统是采集、记录飞行过程中各种飞行数据、音频、视频和数据链信息的自动记录装置,其伴随着飞行事故调查而发展。目前,飞行记录系统具有如下主要功能:数据采集和编码功能;数据记录功能;数据坠毁保护功能;数据快速获取功能;定位功能;数据译码、回放功能。

1) 数据采集和编码功能

飞行记录系统能够与安装在飞行器上的传感器、航空电子和机电设备连接,采集相关设备输出的飞行器状态信息;能够采集驾驶舱环境声音和飞行机组人员之间的通话信息;能够采集驾驶舱环境和驾驶舱设备信息显示等图像信息;能够采集机组人员与塔台之间的无线电通信、空中交通防撞系统(traffic collision avoidance system,TCAS)通信等数据链信息,并将获取的各种飞行数据、音频数据、图像数据和数据链数据进行编码。

2) 数据记录功能

飞行记录系统首先采集飞行数据、音频数据、图像数据和数据链数据,然后组织整理后按设定格式进行数据编码,编码完成后通过数据总线(如 AFDX 等)发送给飞行记录器等记录设备,记录设备将接收到的数据按固定格式写入存储器,完成数据存储。

3) 数据坠毁保护功能

飞行记录系统的重要用途是为飞行事故提供客观准确的证据支持。在飞行事故发生时,飞行器会承受剧烈冲击、长时间高温火烧、长时间浸泡于腐蚀性液体或者长时间浸泡于海水等条件。飞行记录系统中的记录设备必须具备抵抗以上恶劣环境的功能。数据坠毁保护功能的作用是保护记录设备在飞行事故发生时能够承受各种恶劣环境,保证所记录的数据能够解读。

4)数据快速获取功能

随着飞行记录系统的发展,它不仅在事故调查中发挥作用,而且在飞行器日常状态监控、飞行品质监测方面为用户提供帮助,因而要求飞行记录系统具备数据快速获取的功能。在飞行数据记录系统中设计了能够快速获取数据的设备,如 QAR、WQAR 等,通过快速更换存储介质或无线网络进行数据传输,帮助用户快速获取 FDRS 所记录的数据。

5)定位功能

飞行记录系统在飞行事故调查中具有重要作用,当发生重大航空事故时,及时找到飞行记录器并对其记录的数据进行分析尤为重要。然而当飞行事故发生在大海、江河、湖泊中时,查找飞行记录器犹如大海捞针,所以其必须具备定位功能。飞行记录系统所具备的定位功能使其能够在飞行事故发生后,对外发出超声波或无线电等定位信号,通过特殊的检测定位工具可以快速定位飞行记录器的位置,从而快速搜寻到飞行记录器。

6)数据译码、回放功能

在飞行记录系统中,飞行记录器包括记录飞行数据的 FDR、QAR(或WQAR),以及记录驾驶舱话音的驾驶舱话音记录器(cockpit voice recorder,CVR)等。数据译码既包括对 FDR(或 QAR)飞行数据的译码,也包括对 CVR语音信息的译码。其中飞行数据译码是指将飞行记录器中以二进制数据流形式记录的飞行数据转换为直观的、具有确切物理意义的工程值数据。语音信息译码是指将 CVR 记录的原始声音和信息转化成如音频处理播放软件等直接可用的信息。数据译码需要专用的设备或工具以及相应的译码软件。

数据回放就是利用数据回放分析软件对译码后的工程值数据进行读取回放显示,分析驾驶员操作情况、飞机实际飞行状况及机上系统工作情况等;利用音频处理播放软件回放辨听译码后的音频信息,判断机组的操作,分析飞机状态及所处环境。

飞行记录系统将各种信息记录在飞行记录器内,记录只是一个过程,不是目的。通过分析记录的信息,为飞行事故调查、飞行品质监控、飞机日常维护提供客观依据。

2.2　飞行记录系统的组成

根据 ICAO 附件 6[1] 的规定,飞行记录系统可以分为四类:FDRS、CVRS、AIRS 和 DLRS,如图 2 - 1 所示。

图 2 - 1　飞行记录系统分类

以下将逐一对这四种记录系统的组成进行介绍。需要说明的是,目前 CAAC 颁布的 CCAR - 23、CCAR - 25、CCAR - 27 和 CCAR - 29 四部关于飞机合格审定的法规,FAA 颁布的 FAR - 23、FAR - 25、FAR - 27 和 FAR - 29 四部关于飞机合格审定的法规,EASA 颁布的 CS - 23、CS - 25、CS - 27 和 CS - 29 四部关于飞机合格审定的法规,均已经以法规的形式明确要求在航空器上必须装备一个 FDR 和一个 CVR,或者两个具有飞行数据记录功能和话音记录功能的组合式飞行记录器。目前独立的机载记录器和独立的数据链记录器还未在民用飞机上装备,不过其功能能够与 CVR 或 FDR 组合,形成组合式记录器装机。

2.3 飞行数据记录系统

2.3.1 概述

FDRS 采集来自飞机传感器的参数和飞机上有关机载设备的总线数据,并能够记录所采集的各种数据。1958 年 FAA 颁布了第一部飞行数据记录系统技术标准 TSO - C51[4],第一次通过技术标准规定了用于事故调查的 FDR 的设计,第一款满足 TSO 的 FDR 如图 2 - 2 所示。

图 2 - 2　第一款满足 TSO 的 FDR

随着飞行器技术的不断发展,人们对飞行安全的要求越来越高,FDRS 不仅局限应用于事故调查。伴随着 QAR 的出现,能够快速获取飞行数据,从而使得 FDRS 广泛应用于飞机日常维护和状态监控。为了进一步提高 FDR 在发生事故后的数据保护概率并能够实现快速搜寻,进入 21 世纪后又出现了抛放式记录器,抛放式记录器的出现将 FDR 由原先的被动保护方式变为产品主动保护方式,即当检测到飞机即将坠毁时,抛放式记录器能够自动脱离飞机,并发出定位信号指示记录器的位置,以供搜寻人员查找。

2.3.2 主要功能

FDRS 按照规定的要求,获取来自与其互联的飞机传感器、机载设备的数据和飞机上有关数据总线传输的总线数据,并将采集的数据送往 FDR 和 QAR 进行记录,记录的飞行数据经地面数据处理后,具有如下用途:

(1) 建立飞行档案,为实现单机监控、确定单机寿命提供科学依据。

(2) 提供飞行统计数据,为制订飞机的载荷谱提供科学依据。

(3) 为飞机和发动机的监控和维护提供科学依据。

(4) 用于飞机失事后的飞行事故分析。

FDRS 主要具有如下功能:

(1) 能够采集、记录飞机各个部位的各种传感器和飞机各个系统的数据,所采集、记录的参数满足相关法规的要求。

(2) FDR 的记录介质具有坠毁保护功能,能够在航空器发生飞行事故时,有效保护存储介质中存储的飞行数据。

(3) FDR 根据安装方式不同,可以分为固定式记录器和抛放式记录器。固定式记录器上通常安装有水下定位信标,便于在 FDR 落水后定位和寻找。抛放式记录器通常都具有弹射漂浮功能,为了确保弹离飞机后便于寻找,在抛放式记录器上安装有无线电定位信标。

2.3.3 工作原理和组成架构

与飞机航空电子系统从分立的电子设备和系统的互联和组合向联合化、高度综合化演变一样,FDRS 的组成经历了分立式架构向综合式架构发展的过程。

分立式 FDRS 一般由 FDAU、具有坠毁保护功能的 FDR、用于飞机日常维护的 QAR、三轴加速度计(tri-axial accelerometer,TAA)和飞行数据输入面板(flight data entry panel,FDEP)等组成。典型的分立式 FDRS 的架构如图2-3所示。

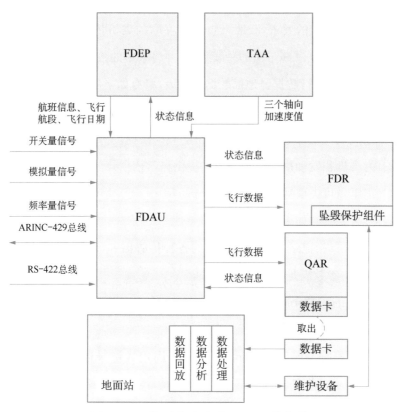

图 2-3 典型的分立式 FDRS 的架构

组成分立式 FDRS 的各部件主要完成如下功能。

（1）FDAU（见图 2-4）：完成与飞机上其他设备和传感器的交联，完成各种数据的采集和整理，并将数据送往 FDR 和 QAR 进行记录。同时接收 FDR 和 QAR 的状态信息，以及 FDEP 输入的相关参数信息。

图 2-4 FDAU

(2) FDR(见图 2-5):根据安装方式的不同,可以分为固定式记录器和抛放式记录器。FDR 接收 FDAU 发送的飞行数据,将数据记录在具有坠毁保护功能的存储介质中,并将自身的状态信息送往 FDAU。

(3) QAR(见图 2-6):接收 FDR 发送的飞行数据,将数据记录在可快速更换的可移动存储介质中,并将自身的状态信息送往 FDAU。

图 2-5　FDR

图 2-6　QAR

(4) TAA(见图 2-7):完成飞机横向、纵向和法向三个方向的加速度信号的测量,并转换成电信号,送往 FDAU。

(5) FDEP:完成航班信息、飞行航段、飞行日期等信息的输入并将相关信息送往 FDAU;同时还能提供飞行前的测试,具有故障通报、故障辅助判别和数据显示的能力。

图 2-7　TAA

分立式 FDRS 工作原理如下。在飞行过程中,FDAU 采集飞机上各种信号,经过组织和整理后送往 FDR 和 QAR 进行记录。TAA 完成对飞机三个方向加速度信号的测量并转换成电信号,送往 FDAU;FDEP 用于设置机型、机号等信息,并将设置好的信息送往 FDAU。

飞行起落结束后,通过取出 QAR 中的数据卡并送至地面数据处理站,可以快速完成数据获取,地面数据处理站利用获取的数据完成数据处理分析和数据回放。当 QAR 出现故障时,也可以通过地面维护设备完成 FDR 所记录数据的下载。

进入 21 世纪后,航空电子系统逐渐发展为综合模块化航空电子系统,飞行 FDRS 也采取了综合化设计技术。在新型飞机的设计中,飞行数据采集功能和人机交互功能(飞行数据输入面板)已经不再作为独立的设备出现,其功能分散在各 RDC 和航空电子系统对应的数据采集功能模块中,通过机载互连总线将规定的数据发送给记录器进行记录。同时将音频数据记录、图像记录、数据链记录与飞行数据功能记录综合到一个记录设备中。图 2-8 所示为目前典型的综合式 FDRS 架构。

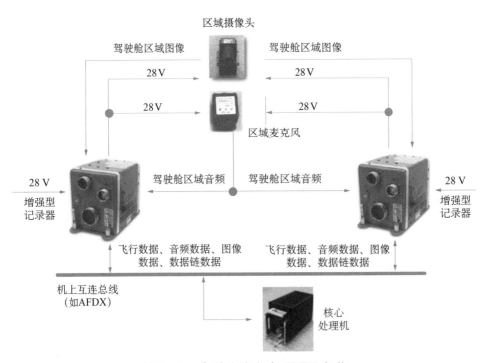

图 2-8　典型的综合式 FDRS 架构

综合式 FDRS 工作原理如下。在综合化的航空电子系统中,FDRS 的所有数据交换都是通过数据总线实现的,如通过机上互连总线(如 AFDX 总线)接收来自飞机传感器及系统的飞行数据、机组人员的数字语音信息、发向机务人员或从机务人员发出的数据链路信息、飞机结构(机翼、尾部、起落架等)和发动机等便于飞行操作的数字视频信息,并将它们转换为与增强型记录器兼容的格式,然后传送给增强型记录器进行记录。飞行记录系统的状态信息也通过数据总线发送。

飞行起落结束后,通过取出 QAR 中的数据卡或集成 QAR 功能的中央维护系统中的数据卡并送至地面数据处理站,可以快速完成数据获取。地面数据处理站完成数据处理和还原。当 QAR 出现故障时,也可以通过地面维护设备完成对增强型记录器所记录数据的下载。

2.4　驾驶舱话音记录系统

2.4.1　概述

CVRS 的出现也源于飞行事故调查的需要。随着飞行器的发展,人们在使用中发现仅仅记录飞行数据对于调查飞行事故是远远不够的。因此研发出了 CVRS,能够为事故调查人员提供驾驶舱各种环境声音和机组人员之间的语言沟通,弥补了 FDRS 只能记录飞行数据,不能提供语音信息的不足,为事故调查提供了更多的客观证据。

1957 年,澳大利亚航空公司的戴维·伍瑞博士及其团队研制出了世界上第一款 CVR,它能够记录机组人员之间的通话。1963 年,FAA 正式颁布了用于飞行事故调查的 CVRS 的技术标准 TSO - C84[5],并于 1966 年发布指令,要求在所有商业运输飞机上都安装 CVRS。

2.4.2 主要功能

CVRS采集4路音频信号,记录的音频数据经地面数据处理后,可用于事故调查。

CVRS主要具有下列功能:

(1) 采集和记录来自机长语音面板、副机长语音面板、其他机组成员位置话音信号和驾驶舱区域麦克风(3路话音,1路舱音)共4路音频信号,所采集音频信号特性应满足ED-112、ED-112A技术标准或相关法规的要求。

(2) CVR记录介质具有坠毁保护功能,能够在航空器发生飞行事故时,有效保护存储的音频数据。

(3) CVR根据安装方式的不同,可以分为固定式记录器和抛放式记录器。类似于FDR,固定式CVR上通常安装有水下定位信标;抛放式记录器通常具有弹射漂浮功能,且安装有无线电定位信标。

2.4.3 工作原理和组成架构

CVRS的组成发展也经历了分立式架构向综合式架构的发展过程。综合式的架构即综合式飞行记录系统,已在前文进行了介绍,下面我们主要介绍一下分立式架构。

分立式CVRS通常由具有坠毁保护功能的CVR、音频控制单元以及区域麦克风等部分组成。同时根据飞机的不同,还可能包括记录器独立电源(recorder independent power supply, RIPS)等。典型的分立式CVRS的架构如图2-9所示。

组成分立式CVRS的各部件主要完成下列功能。

(1) CVR(见图2-10):根据安装方式的不同,可以分为固定式和抛放式。CVR采集和记录4路音频信号,将音频信号转换后记录在具备坠毁保护功能的存储介质中。

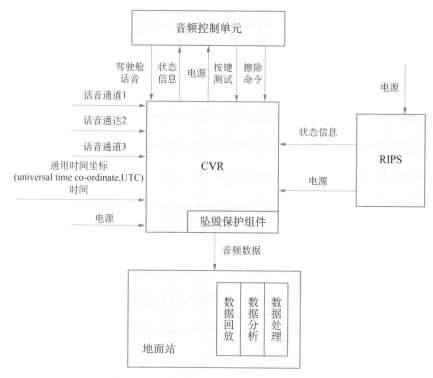

图 2-9　典型的分立式 CVRS 的架构

（2）音频控制单元（见图 2-11）：采集驾驶舱环境声音，经过调理、放大后送往 CVR，通过按压音频控制单元面板上的按键能够测试 CVR，擦除所记录的数据，并能够通过面板上的状态灯显示 CVR 的状态。

图 2-10　CVR

图 2-11　音频控制单元

（3）区域麦克风（见图 2-12）：用于采集驾驶舱环境声音。

（4）RIPS（见图 2-13）：当记录器失去机上电源时，在规定的时间内，RIPS能够为记录器提供工作电源，使得记录器能够继续工作一段时间，确保记录器连续记录。

图 2-12　区域麦克风　　　　　图 2-13　RIPS

CVRS 工作原理如下。在正常工作时，CVR 采集和记录来自机长语音面板、副机长语音面板、其他机组成员位置音频信号和驾驶舱区域麦克风（3 路话音，1 路舱音）共 4 路音频信号，将音频信号转换后记录在具备保护功能的存储介质中。音频控制单元将采集到的驾驶舱环境声音经过调理、放大后，送往CVR 进行记录，RIPS 用于给 CVR 提供备用电源。由于记录的音频信息涉及隐私，因此当需要进行数据下载时，将 CVR 拆下至地面数据处理站进行下载，并完成数据处理和还原工作。

2.5　机载图像记录系统

2.5.1　概述

飞行事故调查人员认为在事故调查中，驾驶舱环境、机务人员的非语言沟通、机务人员的工作、仪器显示选择及状态等关键图像(视频)信息对事故调查非常重要,而这些信息是 CVRS 和 FDRS 都无法提供的。进入 21 世纪后,大容量固态存储器的出现使得海量图像(视频)信息的存储成为可能,图像记录器应运而生。AIRS 能够获取安装在驾驶舱内的摄像头采集的驾驶舱视频信息,将采集来的视频信息记录在具有坠毁保护功能的保护组件中。弥补了 CVRS 无法提供驾驶舱环境、机务人员的非语言沟通、机务人员的工作、仪器显示选择及状态等关键信息的不足。

2.5.2 主要功能

AIRS 采集和记录安装在驾驶舱内的摄像头采集的图像信息,并将采集的数据送往具有坠毁保护功能的存储介质记录,记录的图像数据经地面数据处理后,可用于事故调查。

AIRS 主要具有下列功能:

(1) 采集和记录安装在驾驶舱内的摄像头采集的图像信息,所采集图像数据应满足 ED‐112、ED‐112A 技术标准或相关法规的要求。

(2) 机载图像记录器(airborne image recorder,AIR)记录介质具有坠毁保护功能,能够在航空器发生飞行事故时,有效保护存储的图像数据。

(3) AIR 根据安装方式不同,可以分为固定式和抛放式。类似于 FDR,在固定式记录器上通常安装有水下定位信标;抛放式记录器通常具有弹射漂浮功能,且安装有无线电定位信标。

2.5.3 工作原理和组成架构

虽然在 ED‐112A[6] 和 TSO‐C176a[7] 标准中已经对 AIRS 提出了设计要求,但是在飞机的合格审定法规中并没有强制要求飞机安装单独的 AIRS。虽然国外已经有许多制造商研制出了单独的 AIRS,但是截至目前,均没有单独的装机产品,而多与 CVRS 进行功能组合后以组合式记录器的方式出现。其架构已在前文介绍,下面我们主要介绍一下分立式架构。

分立式 AIRS 由具有坠毁保护功能的 AIR、摄像头接口单元、区域摄像头以及各种型号的电缆和插头等部分组成。同时根据飞机的不同,还可能包括 RIPS 等。典型的 AIRS 的架构如图 2-14 所示。

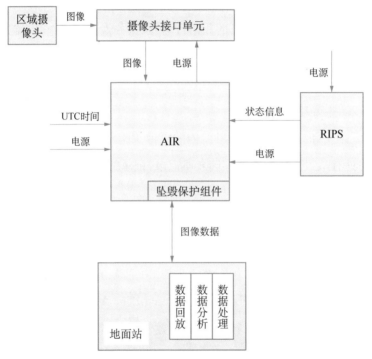

图 2-14 典型的分立式 AIRS 的架构

组成分立式 AIRS 的各部件主要完成下列功能。

(1) AIR(见图 2-15):根据安装方式的不同,可以分为固定式和抛放式,采集和记录安装在驾驶舱内的摄像头采集的图像信息,并将采集的数据压缩编码后送往具有坠毁保护功能的存储介质进行记录。

(2) 摄像头接口单元(见图 2-16):完成区域摄像头采集图像信号的调理。

图 2-15　AIR

图 2-16　摄像头接口单元

（3）区域摄像头（见图 2-17）：用于采集驾驶舱环境图像。

图 2-17　区域摄像头

AIRS 工作原理如下。在正常工作时，AIR 采集和记录安装在驾驶舱内的摄像头采集的图像信息，并将采集的数据送往具有坠毁保护功能的存储介质进行记录，摄像头接口单元将区域摄像头采集到的驾驶舱图像经过调理后，送往 AIR 进行记录，RIPS 用于给 AIR 提供备用电源。由于记录的图像信息也涉及隐私，故不能在机上直接下载，下载数据时需要将设备拆下至地面数据处理站进行下载。

2.6　数据链记录系统

2.6.1　概述

在事故调查中，来自飞机运行时的天气信息、导航和监视（如不同的全球定位系统要求位置修正）、飞机之间的高级 TCAS 通信等信息是传统的 FDR 和 CVR 无法提供的，DLRS 应运而生。DLRS 能够接收、处理、记录传送到和来自航空器的通信导航监视/空中交通管理（communication, navigation, surveillance/air traffic management，CNS/ATM）信息，包括通过其他途径无法记录的天气信息、导航和监视、飞机之间的高级 TCAS 通信等信息，为在事故调查中极其重要的人为因素的调查拓宽了途径。

2.6.2　主要功能

DLRS 能记录通过其他途径无法记录的信息，并将数据记录在具有坠毁保护功能的存储介质中，记录的数据经地面数据处理后，可用于事故调查。

DLRS 主要具有下列功能：

（1）记录 CNS/ATM 信息，功能和性能要求应满足 ED‑112、ED‑112A 技术标准或相关法规的要求。

（2）数据链记录器（data link recorder，DLR）记录介质具有坠毁保护功能，能够在航空器发生飞行事故时，有效保护存储的数据。

（3）DLR 根据安装方式不同，可以分为固定式和抛放式。类似于 FDR，固定式记录器通常安装有水下定位信标；抛放式记录器通常具有弹射漂浮功能，且安装有无线电定位信标。

2.6.3　工作原理和组成架构

虽然在 ED‑112A 和 TSO‑C177a[8]标准中已经对 DLRS 提出了设计要求，但是在飞机的合格审定法规中并没有强制要求飞机安装单独的 DLRS，目前 DLRS 多与 FDRS、CVRS 功能组合后，以组合式记录器的方式出现，如图 2‑18 所示。

DLRS 工作原理如下。数据链信息源头（来自飞机或地面）传递给数据链信息处理单

图 2‑18　含 DLRS 的 CVRS

元,数据链信息处理单元将处理后的数据链信息传递给 DLR(一般通过 ARINC 429 总线),DLR 完成数据记录功能。在飞行结束后,地面数据下载设备下载 DLR 所记录数据,下载后的数据通过数据译码回放设备完成数据译码分析和回放。

3

飞行记录系统
原理与技术

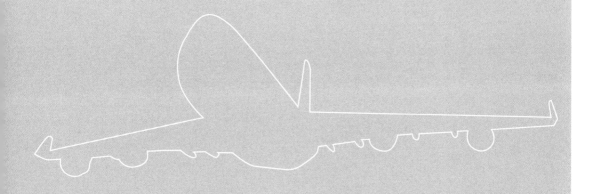

随着电子技术的发展及飞机航空电子系统综合化程度的提高,飞行记录系统的架构也在发生变化,从早期的采集、记录一体式架构(数据采集和数据记录在一个组件中实现),发展为采集、记录分立式架构(数据采集和数据记录由不同组件实现,即 FDAU 和 FDR),到目前发展为综合式系统架构(数据采集功能分散在各 RDC 和航空电子系统对应的功能模块中,数据记录由独立的组件实现,如增强型机载飞行记录器)。不管飞行记录系统架构如何变化,其基本工作原理是相同的。无论是满足 TSO‐C124 要求的 FDRS、满足 TSO‐C123 要求的 CVRS、满足 TSO‐C176a 要求的 AIRS、满足 TSO‐C177 要求的 DLRS,还是新一代的 ARINC 767 增强型记录系统,均可从数据采集、数据传输、数据记录、数据下载、数据译码和回放五个方面进行描述。

对飞行记录器的要求与其本身的功能是确定的,不同的航空电子架构或飞行记录器系统架构仅仅是实现上述功能的方法不同,本章以目前普遍装机满足 ARINC 717 规范的飞行数据采集记录系统和新一代的 ARINC 767 增强型记录系统为例,介绍其工作原理,进而对涉及的关键技术进行说明。

3.1 工作原理

3.1.1 满足 ARINC 717 的飞行数据采集记录系统

在 ARINC 717 中规定,飞行数据采集记录系统至少应包含三个单元:FDAU、FDR、TAA,以及一种可任选的 FDEP),具体可根据航空公司的需求进行配置。飞行数据采集记录系统是集数据采集、传输、记录、下载、译码和回放功能为一体的综合系统,其典型系统构型如图 3‐1 所示。

在飞行过程中,FDAU 通过其信号采集接口模块获取强制参数(相关标准规定的必须要记录的参数)、可选参数(相关标准未规定要记录的参数)等多种数据,并通过其主控制模块将采集到的数据信息按照一定的数据格式进行组织

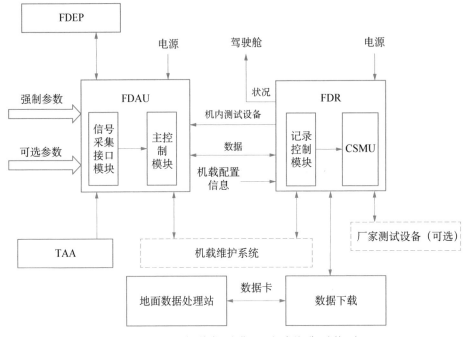

图 3-1　飞行数据采集记录系统典型构型

整理。然后,将整理后的数据通过系统内部总线传输给 FDR。FDR 的记录控制模块按照预定编排格式,将数据存储在 CSMU 中。

　　航后,在地面上通过专用数据下载设备下载 FDR 中的数据,使用译码软件对数据进行译码处理,形成可直观查看的飞行数据信息,供地面数据处理站处理、分析和回放数据。同时通过机载维护系统,可对 FDAU、FDR 进行机载配置信息的加载与更换,完成系统的状态维护。

3.1.2　满足 ARINC 767 的增强型记录系统

　　在 ARINC 767 中,提出了"增强型机载飞行记录器(enhanced airborne flight recorder,EAFR)"要求,即将 FDR 功能、CVR 功能、DLR 功能以及 AIR 功能综合在一个外场可更换单元中。这样的增强型飞行记录系统至少包含两台可互换的 EAFR、区域麦克风、RIPS 以及区域摄像机。ARINC 767 规范为

EAFR 的研制及安装提供了设计指南。典型 EAFR 系统构型如图 3-2 所示。

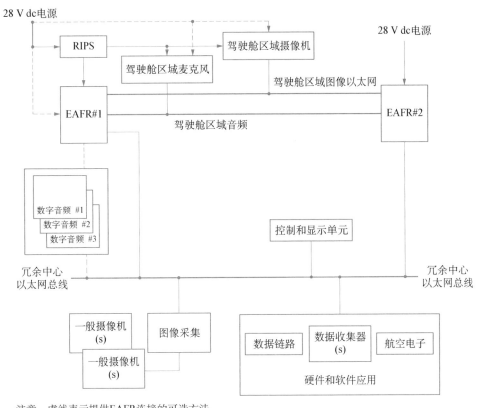

注意：虚线表示提供EAFR连接的可选方法

图 3-2 典型 EAFR 系统构型

通过 AFDX 总线接收来自飞机传感器及系统飞行数据、机组人员的数字话音信息、发向机务人员或从机务人员发出的数据链信息、飞机结构（机翼、尾部、起落架等）和发动机等便于飞行操作的数字视频信息，并将这些数据信息分类存储到具有坠毁保护功能的存储器里，供地勤人员在航后下载，供数据分析人员分析数据。

EAFR 自身也可以直接采集、记录来自驾驶舱区域麦克风的驾驶舱环境声音信息和来自驾驶舱区域摄像机的驾驶舱环境概况、指令及仪表控制面板显示、机务人员行为和人机交互情况等辅助事故责任认定的图像信息。作为可选项，EAFR也可以接收点对点的串行数字音频信号，以替代AFDX总线的数字音频流和区域麦克风的模拟信号。

驾驶舱区域麦克风通过声电学原理对驾驶舱区域一定范围内的声音进行处理，并通过信号的前置放大形成可供采集的模拟信号。

驾驶舱区域摄像机主要捕获驾驶舱区域环境的视频，处理后形成标准视频数据流，通过以太网发送给EAFR供其记录。

RIPS在飞机电源瞬间掉电或断电时，能够维持EAFR至少连续工作10 min。

控制和显示单元用于机务人员手工测试和维护。

地面站具有数据加载和下载功能、记录数据分析回放功能及故障分析功能，通过分析记录数据，可直观再现飞行或事故的全过程。

由上可知，对于飞行记录系统而言，要实现对飞行数据、音频数据、视频数据和数据链数据的采集记录和处理分析，必须具有下列功能。

1）采集功能

飞行记录系统通过安装在机上各个位置的加速度计，驾驶舱音频传感器，音、视频监控器等进行数据采集，并通过机上系统互连总线对各个机载系统的强制参数、可选参数等进行采集，采集的数据类型主要包括模拟类、离散类、数字类、频率类、音频类、视频类。

2）传输功能

飞行记录系统主要通过ARINC 429、ARINC 664等数据传输总线与机上其他机载系统进行交联互通，并按照不同总线的要求及总线规定的数据格式实现数据的传输。

3）记录功能

飞行记录系统将采集到的不同类型的数据信息按照特定的数据格式发送至记录器，记录器完成数据的存储。

4）下载功能

飞行记录系统通过专用数据下载设备下载记录器中的数据信息，主要有三种下载方式：外场维护下载方式、手持式下载方式和快取下载方式。局方规定，当记录器在机上时，不允许对音频和图像信息进行下载。

5）数据译码和回放功能

飞行记录系统对于下载的数据信息，通过数据处理软件，将原始数据中记录的各类飞行参数、驾驶舱音频数据、话音数据及视频数据进行译码还原，将各类数据以曲线、报表以及三维动画等方式直观地回放出来，供地面人员查看使用。

3.2 数据采集

飞行记录系统采集的数据类型包括模拟类、离散类、数字类、频率类、音频类、视频类。数据采集过程包括对模拟类、频率类等信号采样、量化、编码以及对数字类数据的接收，然后按照一定的格式进行数据编码，再发送给记录器进行记录。因为记录器记录的是数字信号，所以所有的模拟信号都要数字化处理。在地面还原的信号要满足规定的精度要求，就要对不同变化率的信号设计最适当的数据采样率。信号采样率主要依据奈奎斯特-香农采样定理完成对各类数据的采集。

3.2.1 采样定理

1）奈奎斯特-香农采样定理[9-10]

奈奎斯特-香农采样定理是美国电信工程师奈奎斯特在 1928 年提出的，在数字信号处理领域，采样定理是连接连续时间信号（通常称为"模拟信号"）和离散时间信号（通常称为"数字信号"）的基本桥梁。该定理说明了采样频率与信号频谱之间的关系,是连续信号离散化的基本依据。它为采样率建立了一个足够的条件,该采样率允许离散采样序列从有限带宽的连续时间信号中捕获所有信息。

定理:为了不失真地恢复模拟信号,采样频率应该大于模拟信号频谱中最高频率的 2 倍。即

$$F_s > 2F_{max}$$

式中,F_s 为采样频率;F_{max} 为模拟信号频谱的最高频率。

采样定理可分为时域采样定理和频域采样定理两类,适用于不同的采样要求。

时域采样定理:最高频率为 F 的连续信号 $f(t)$ 可用一系列离散的采样值 $f(t_1),f(t_1\pm\Delta t),f(t_1\pm 2\Delta t)\cdots$ 表示,只要这些采样点的时间间隔 $\Delta t\leqslant 1/(2F)$,就可根据各采样值完全恢复原来的信号 $f(t)$。

频域采样定理:对于时限连续信号 $f(t)$[即当 $|t|>t_m$ 时,$f(t)=0,t_m$ 是信号的持续时间],其频谱为 $F(\omega)$,若在频域中以 $\Delta f\leqslant 1/(2t_m)$ 的频率间隔对 $f(t)$ 的频谱 $F(\omega)$ 进行抽样,则抽样后的频谱 $F_1(\omega)$ 可以唯一地表示原信号。

2)A/D 转换原理

采样率越高,稍后恢复出的波形就越接近原信号,但是对系统的要求就更高,转换电路必须具有更快的转换速度,同时数字化产生的数据量也会增大。

A/D 转换就是模数转换,即把模拟信号转换成数字信号。常见的转换方法主要有逐次逼近法、双积分法、电压频率转化法。

(1)逐次逼近法。逐次逼近式 A/D 是比较常见的一种 A/D 转换电路,转换的时间为微秒级。采用逐次逼近法的 A/D 转换器由一个比较器、D/A 转换器、缓冲寄存器、逐次逼近寄存器及控制逻辑电路组成,如图 3 - 3 所示。

逐次逼近法的基本原理是从高位到低位逐位试探比较,好像用天平称物体,从重到轻逐级增减砝码进行试探。逐次逼近法转换过程如下:初始化时将

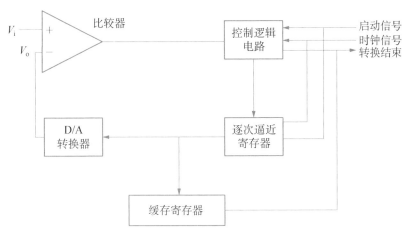

图 3-3 采用逐次逼近法 A/D 转换器组成

逐次逼近寄存器各位清零;转换开始时,先将逐次逼近寄存器的最高位置 1 送入 D/A 转换器,经 D/A 转换后生成的模拟量送入比较器,称为 V_o,与送入比较器的待转换的模拟量 V_i 进行比较,若 $V_o < V_i$,则该位 1 被保留,否则被清除。再设置逐次逼近寄存器次高位为 1,将寄存器中新的数字量送入 D/A 转换器,输出的 V_o 再与 V_i 比较,若 $V_o < V_i$,则该位 1 被保留,否则被清除。重复此过程,直至逼近寄存器最低位。转换结束后,将逐次逼近寄存器中的数字量送入缓冲寄存器,得到数字量的输出。逐次逼近的操作过程是在一个控制电路的控制下进行的。

(2)双积分法。采用双积分法的 A/D 转换器由电子开关、积分器、比较器、控制逻辑和计数器等部件组成。如图 3-4 所示。

双积分法的基本原理是将输入电压变换为与其平均值成正比的时间间隔,再把此时间间隔转换成数字量,属于间接转换。双积分法 A/D 转换的过程如下:先将开关接通待转换的模拟量 V_i,V_i 采样输入积分器,积分器从零开始进行固定时间为 T 的正向积分,时间 T 到后,开关再接通与 V_i 极性相反的基准电压 V_{REF},将 V_{REF} 输入积分器,进行反向积分,直到输出为 0 V 时停止积分。V_i 越大,积分器输出电压越大,反向积分时间也越长。计数器在反向积分时间

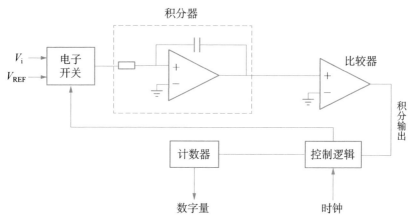

图 3-4　采用双积分法的 A/D 转换器组成

内所计的数值就是输入模拟电压 V_i 所对应的数字量,即实现了 A/D 转换。

（3）电压频率转化法。采用电压频率转换法的 A/D 转换器是将电压信号转换成脉冲信号,该脉冲信号的频率与输入电压的大小成正比。其组成结构主要包括 V/F 伏频转换电路、计数器、定时器等,如图 3-5 所示。

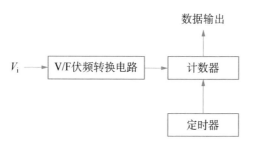

图 3-5　采用电压频率转化法的 A/D 转换器组成

电压频率转化法的工作过程如下:当模拟电压 V_i 加到 V/F 伏频转换电路的输入端时,产生与模拟电压 V_i 成正比、频率为 F 的脉冲信号,通过定时器在一定的时间内对该脉冲信号进行计数,并生成正比于模拟电压 V_i 的计数值,输出数据,从而完成 A/D 转换。

3.2.2 模拟类数据

依据 ARINC 717 规范,飞行记录系统通常采集同步器信号、交流和直流电压比例信号、电流信号、电阻值等模拟类数据。在施加基准电压或者激励电压的情况下,所采集到的数值是额定值。对于所有类型的信号,其数据值应是线性的。

在飞行记录系统中,模拟类数据采集原理如图 3-6 所示。

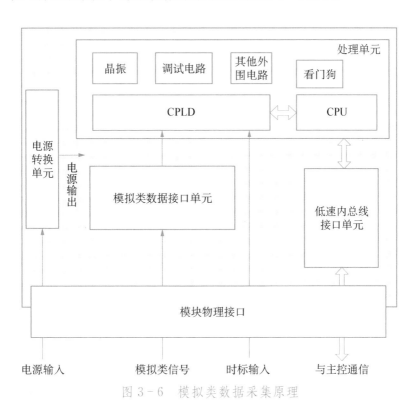

图 3-6 模拟类数据采集原理

处理单元完成模块任务调度、时标生成、数据打包、数据交换、自检等任务;采用高性能微处理器作为 CPU,使用复杂可编程逻辑器件(complex programmable logic device, CPLD)配合 CPU 完成各种任务。模拟类数据接口单元主要用于为模拟类信号的采集提供接口电路,完成模拟量的滤波、放大、A/D 转换,并接受处理单元的逻辑控制。低速内总线接口单元实现与采集器中主计算机模块的通信,用于将模拟类数据发送给主计算机模块,并与主计算机模块进行命令和状态的交互。电源转换单元采用直流-直流模块,将电源转换模块提供的 5 V 电源转换成模块电路单元需要的 3.3 V、2.5 V 和 1.8 V 等工作电压。模块物理接口是模拟类采集模块对外的物理通道。

所采集的模拟类数据具体如下:

1) 同步器信号

量程范围:0°~360°(连续无限制旋转)。

电压:11.8 V 交流线-线(26 V 交流基准电压下)。

参考电压:26 V 交流 400 Hz(额定值)(30 V 交流最大值)。

数字标定:0°为 0 计数,360°为满量程计数。

精度:±0.17%。

2) 交流和直流电压比率信号

(1) 交流电压比♯1。

量程范围:0~5 V 交流同相或异相,参考 26 V 交流 400 Hz 激励电压额定值(最大值为 30 V 交流)。

数字标定:5 V 交流异相为 0 计数,5 V 交流同相为满量程计数。

精度:±0.2%。

(2) 交流电压比♯2。

量程范围:0~26 V 交流同相或异相,参考 26 V 交流 400 Hz 激励电压额定值(最大值为 30 V 交流)。

数字标定:26 V 交流异相为 0 计数,26 V 交流同相为满量程计数。

精度:±0.2%。

(3) 直流电压。

量程范围:0~5 V 直流(绝对测量)。

数字标定:0 V 直流为 0 计数,5 V 直流为满量程计数。

精度:±0.2%。

（4）直流电压比。

量程范围：0～5 V 直流。

参考电压：5 V 直流。

数字标定：0 V 直流为 0 计数，5 V 直流为满量程计数。

精度：±0.2％。

（5）电位计（1 Ω～10 kΩ）。

量程范围：0 V～激励电压。

激励电压：通常为 5 V 直流（由采集器供给激励电源）。

数字标定：0 V 直流为 0 计数，激励电压为满量程计数。

精度：±0.2％。

（6）应变计。

量程范围：0～50 mV 直流。

数字标定：0 mV 直流为 0 计数，50 mV 直流为满量程计数。

精度：±0.2％。

正激励电压：+20 V 直流（最大值）。

负激励电压：-20 V 直流（最大值）。

（7）热电偶。

类型：铬镍或铝镍热电偶。

量程范围：0～35 mV 直流。

数字标定：由用户给定。

测量精度：由用户给定。

3）感温电阻

量程范围：68.27～242.70 Ω。

数字标定：68.27 Ω 为 0 计数，242.70 Ω 为满量程计数。

精度：±0.5％。

4）其他信号类型

除了此处规定的各种类型的模拟输入之外,还有其他几种推荐的模拟输入类型,这些类型主要适用于扩展的数据采集系统,与基本型采集器相比可能要稍微复杂些。为了适用于强制性(记录)目的,这些其他输入可以由制造厂按各个不同用户需求提供。常用的其他信号类型有在毫伏范围内的直流电压;双极性直流电压;转速计(频率)信号。

3.2.3 离散类数据

在飞行记录系统中,离散类数据采集原理如图3-7所示。

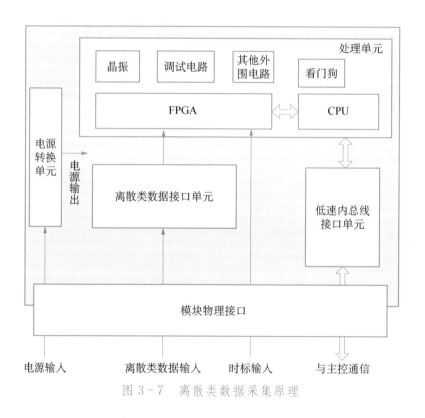

图3-7 离散类数据采集原理

处理单元完成模块任务调度、信号采集、时标生成、数据打包、自检等任务。采用高性能微处理器作为 CPU,使用大规模现场可编程门阵列(field-programmable gate array，FPGA)配合 CPU 完成各种任务。离散类数据接口单元将输入的离散类数据进行调理,实现与处理单元之间的电气匹配。低速内总线接口单元和电源转换单元的功能与模拟类数据的一致。模块物理接口是离散类数据采集模块对外的物理通道。

依据 ARINC 717 规范,飞行记录系统通常采集以下 6 类离散类数据。

1) 串联离散量

量程范围:0~32 V 直流。

状态 1:定义为大于 7.0 V 的任一电压。

状态 0:定义为小于 3.0 V 的任一电压,开路输入定义为状态 0。

2) 并联离散量

量程范围:0~32 V 直流。

状态 1:定义为大于 7.0 V 的任一电压,开路输入定义为状态 1。

状态 0:定义为小于 3.0 V 的任一电压。

3) 交流敏感离散量

量程范围:0~120 V 交流或直流。

状态 1:定义为大于 18.0 V 的任一电压。

状态 0:定义为小于 7.0 V 的任一电压,开路输入定义为状态 0。

4) 时间离散量

在 0.125 s 内,通过专用的离散量输入插针接收的这些信号的任一状态变化的时间应当是能判定的。每个采集器都应具有能达到 4 个离散量的时基能力;为时基选的特殊离散量,所使用的方法应在用户与采集器制造厂之间得到一致认可。

5) 指点信标离散量

频率范围:400~3 000 Hz。

持续时间:1~10 s。

调制率:开 60%,关 40%。

波形:波峰值因数 4.0 为最大值。

范围:0~7 V(有效值)。

状态 1:定义为大于 2.5 V 有效值的任一电压。

状态 0:定义为小于 1.5 V 有效值的任一电压。

6)标识符输入

为识别航空公司各飞机状态,采用 20 个输入插针,通过插针开路(对应"0"编码)或连接到通用插针上(对应"1"编码)实现标识输入。其中 7 个插针用于识别飞机型号;4 个插针用于航空公司的机群标识;8 个插针是各架飞机航空公司编码标识;还有 1 个插针为通用插针。

3.2.4　数字类数据

在飞行记录系统中,采集数字类数据的原理如图 3-8 所示。

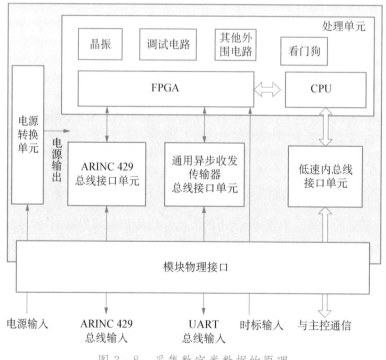

图 3-8　采集数字类数据的原理

处理单元完成模块任务调度、通信管理、信号采集、时标生成、数据打包、自检等任务。采用高性能微处理器作为 CPU，使用大规模 FPGA 配合 CPU 完成各种任务。ARINC 429 总线及通用异步收发传输器（universal asynchronous receiver/transmitter，UART）总线的协议解析均由 FPGA 实现。ARINC 429 总线接口单元主要用于 ARINC 429 信号的电平转换，实现与处理单元之间的电气匹配。UART 总线接口单元主要用于 UART 信号的电平转换，实现与处理单元之间的电气匹配。低速内总线接口单元和电源转换单元的功能与模拟类数据的一致。模块物理接口是数字类数据采集模块对外的物理通道。

依据 ARINC 717 规范，飞行记录系统通常采集以下 4 类数字类数据。

1）具有标号的飞机数据

采用 ARINC 429 格式的飞机数据，应当具有标号识别数据，对于所有 ARINC 429 数据，采集器都应能解码数据字中的标号和源/目标标识符（source destination identifier，SDI）。

2）标识的系统数据

在专用的可任选输入端口，采集器可以接收来自专门源的数据。这种数据的标记可以由系统设计者选定，而不用航空电子工程委员会（Airline Electronic Engineering Committee，AEEC）成员协调（如果这些数据没有其他用户的话）。

这种数据一般可以来自扩展系统的其他设备或来自提供专用代码的飞机综合数据系统（aircraft integrated data system，AIDS）数据的其他系统。

3）飞行数据键入板数据

飞行数据键入板和采集器之间的数据接口虽然不是由 ARINC 717 规范规定的，但要求它如果使用 ARINC 429 数据格式，则应具有由用户选定的数据标记。

4）UART 数据

飞行记录系统采集 UART 数据，每个 UART 字由 11 位二进制代码构成。

（1）第 1 位——起始位，表示一个 UART 字的开始（用逻辑"0"表示）。

（2）第 2~9 位——信息位，表示通信中所需传送的数据。

（3）第 10 位——奇偶校验位。

（4）第 11 位——1 位停止位，表示 UART 字的结束，逻辑"1"有效。

UART 字采用由低到高的顺序串行传送。UART 数据特性如表 3-1 所示。

表 3-1　UART 数据特性

序号	格式	内容	序号	格式	内容
1	通信方式	异步	5	数据位	8 位
2	数据传输方式	单工	6	奇偶校验位	奇校验
3	波特率	115 200 b/s	7	停止位	1 位
4	起始位	1 位	8	周期	100 ms

UART 数据信息块的格式如表 3-2 所示。

表 3-2　UART 数据信息块格式

AAH	55H	字计数字	块标识字	数据字 1	…	数据字 n	校验和字

块头字占用 2 个字节（即 AAH、55H）。字计数字占用 2 个字节，字计数包括块头字、字计数字本身、块标识字、数据字、校验和字的总和。块标识字占用 1 个字节，校验和字是数据信息块中除本身外的其他字之和，以 256 作为模的二进制补码。

3.2.5　频率类数据

在飞行记录系统中，采集频率类数据的原理如图 3-9 所示。

处理单元完成模块任务调度、信号采集、时标生成、数据打包、自检等任务。采用高性能微处理器作为 CPU，使用大规模 FPGA 配合 CPU 完成各种任务。频率类数据接口单元将输入的频率类数据进行调理，实现与处理单元之间的电

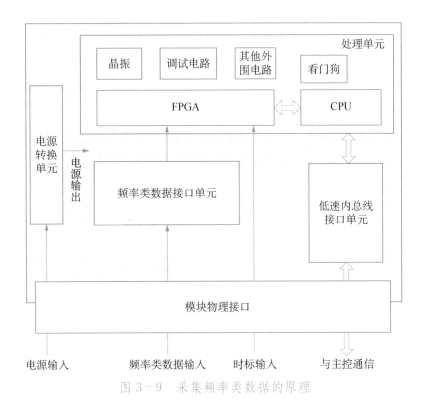

图 3-9　采集频率类数据的原理

气匹配。低速内总线接口单元和电源转换单元的功能与模拟类数据的一致。
模块物理接口是频率类数据采集模块对外的物理通道。

飞行记录系统通常采集电压频率信号、转速频率信号等类型的信号。

1）电压频率信号

量程范围：0～400 Hz。

数字标定：0 Hz 为 0 计数，400 Hz 为满量程计数。

精度：±0.2%。

2）转速频率信号

量程范围：0～14 000 Hz。

数字标定：0 Hz 为 0 计数，14 000 Hz 为满量程计数。

精度：±0.5%。

飞行记录系统采集频率类信号时,常用的采集方法有计数法和测周法。

计数法是指在一定的时间间隔 T 内,若对输入的周期信号脉冲计数为 N,则信号的频率为 $F=N/T(\mathrm{Hz})$。这种方法适合于高频测量,信号的频率越高,相对误差越小。

测周法通过在被测信号一个周期内测量频率为 F_0 的标准信号的脉冲数 N 间接测量频率,$F=F_0/N$。被测信号的周期越长(频率越低),测得的标准信号的脉冲数 N 越大,相对误差越小。

3.2.6　音频类数据

飞行记录系统采集的音频类数据主要包括驾驶舱音频数据和话音数据。采集来自机长语音面板、副机长语音面板、其他机组成员位置音频信号和驾驶

图 3 - 10　驾驶舱音频传感器

舱区域麦克风(3 路话音,1 路舱音)共 4 路音频信号,将音频信号转换后记录在具备保护功能的存储介质中。所采集音频信号特性满足 ED - 112、ED - 112A 技术标准或相关法规的要求。

驾驶舱音频数据主要用以监听、记录驾驶舱环境,驾驶舱音频传感器如图 3 - 10 所示。

话音数据通过驾驶员头戴耳机采集,主要用以记录驾驶员的通话。

3.2.7　视频类数据

依据 ARINC 818 设计规范,典型航空视频系统架构如图 3 - 11 所示。

图 3 - 11 显示了在飞机系统中用于图像相关信息分布的各种互连关系。典型的显示单元可以是平视显示器或头戴式显示器,也可以是智能显示器或远程显示器。

飞行记录系统主要通过安装在机上不同位置的视频设备采集视频类数据,

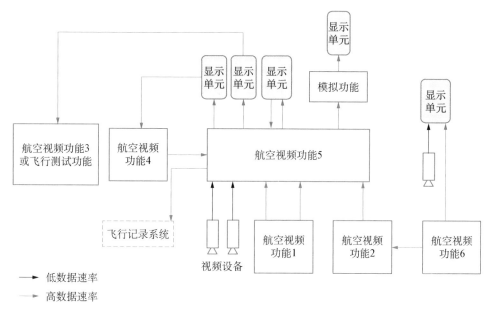

图 3-11 典型航空视频系统架构

并将视频类数据传输到记录器中进行记录。飞行记录系统采集、记录的视频类数据主要用以查看机上驾驶员的操作、机上乘客的动作、机上环境等。

3.2.8 数据编码

目前,飞行记录系统主要记录三种不同的数据类型——飞行数据、音频数据、视频数据。针对不同类型的数据,其数据组织编码格式不同。

1) 飞行数据组织格式

在数据采集过程中,采集器的主控模块依据预先设置的采集顺序(即采集驱动表)从各类型信号接口模块获取飞行数据,对数据组织编码形成数据包,然后发往记录器进行记录。

2) 音频数据编码

音频数据容量较大,在记录采集的音频数据时,通常采用音频压缩技术压缩音频数据。音频压缩技术是指对原始数字音频信号流运用适当的数字信号处理技术，在不损失有用信息量，或所引入损失可忽略的前提下，降低（压缩）其码率，也称为压缩编码。它必须具有相应的逆变换，称为解压缩或解码。音频信号在通过一个编、解码系统后可能产生大量的噪声和一定的失真。数字信号的优势是显而易见的，而它也有自身相应的缺点，即存储容量需求及传输时信道容量要求的增加。

一般来讲，可以将音频压缩技术分为无损压缩和有损压缩两大类；而按照压缩方案的不同，又可将其划分为时域压缩、变换压缩、子带压缩以及多种技术相互融合的混合压缩等。对于各种不同的压缩技术，其算法的复杂程度（包括时间复杂度和空间复杂度）、音频质量、算法效率（即压缩比例）以及编、解码延时等都有很大的不同，各种压缩技术的应用场合也因此各不相同。

3）视频数据编码

视频数据相比于音频数据容量较大，为了在有限的容量内记录较多的视频数据，通常采用视频压缩技术压缩视频数据，视频压缩的目标是在尽可能保证视觉效果的前提下减少视频数据率。

由于视频是连续的静态图像，因此其压缩编码算法与静态图像的压缩编码算法有某些共同之处，但是运动的视频还有其自身的特性，因此在压缩时还应考虑其运动特性才能达到高压缩效率。在视频压缩中常用的压缩方式为有损和无损压缩、帧内和帧间压缩、对称和不对称编码。

3.3　数据传输

纵观飞行记录系统的发展过程，飞机上的数据及信号早期通过 ARINC 429 数据总线传输，近年来通过 ARINC 664 数据总线传输。飞行记录系统通过该数据总线与机上其他机载系统进行数据交换，从而获取飞行数据，或者实现状态、识别等规定的数据输出。

下文对用于飞机上数据交换的，基于 ARINC 429 规范的数据传输技术和基于 ARINC 664 规范的数据传输技术进行详细介绍。

3.3.1　基于 ARINC 429 规范的数据传输技术

ARINC 429 由美国航空电子工程委员会于 1977 年 7 月提出、发表并获得批准使用，它的全称是数字式信息传输系统（digital information transfer system，DITS）。ARINC 429 规定了航空电子设备及有关系统间的数字信息传输要求，从该规范发布实施以来几经修改，于 1982 年 11 月 4 日正式通过 ARINC 429-7。ARINC 429 总线结构简单、性能稳定、抗干扰性强，已广泛应用于国内外军、民机上。

1）ARINC 429 的传输特点

ARINC 429 总线的数据传输有以下几个特点：

（1）传输方式。ARINC 429 是一种单信息源、多接收器的传输规范。若两通信设备需双向传输时，则每个方向上各用一个独立的传输总线，使信息分发的任务和风险不再集中。

（2）驱动能力。每条总线允许一个源和不超过 20 个接收端。由于设备较少，因此信息传递有充裕的时间。

（3）调制方式。采用双极型归零的三态码方式，即信息由"高""零"和"低"状态组成的三电平状态调制。

（4）传输速率。ARINC 429 发送和接收设备均采用双绞屏蔽线传输信息，其速率为 100 KB/s 或 12.5 KB/s。系统高速工作状态的速率为 100 KB/s，低速工作状态的速率在 12～14.5 KB/s 范围内。速率误差范围应在 1% 之内。高速率和低速率不能在同一条传输总线上传输。

（5）同步方式。ARINC 429 通常以脉冲形式发送传输数据，1 个电脉冲就是 1 位，1 个数据字有 32 位。传输的基本单位是字，每个字由 32 位组成。

2）ARINC 429 的数据帧格式

ARINC 429 的数据字有 32 位，包括如图 3-12 所示的 5 个组成部分。

PAR	SSM	S	DATA																	SDI		LABEL							
32	31	30	29	28	27	26	25	24	23	22	21	20	19	18	17	16	15	14	13	12	11	10	9	8	7	6	5	4	3	2	1

图 3-12　ARINC 429 数据字的格式

第 1～8 位 LABEL：8 位标识码，是唯一的、与 ARINC 429 数据字——对应的标识码，用于区别数据类型和相关参数；它显示了包括在这个传送字内的信息的类型，也就是传送代码的意义是什么。

第 9～10 位 SDI：源/目标标识符指示信息的来源或终端。

第 11～29 位 DATA：数据区。

第 30～31 位 SSM：符号/状态矩阵，它指出数据的特性，如南、北，正、负等。也可用来表明数据发送系统的硬件状态。其表示的含义与数据类型有关，如图 3-13 所示。

BCD 编码对应符号/状态矩阵			BNR 编码对应符号/状态矩阵		
位		含　义	位		含　义
31	30		31	30	
0	0	正、北、东、右、向、超过	0	0	失效告警
0	1	无计算值	0	1	无计算值
1	0	功能测试	1	0	功能测试
1	1	负、南、西、左、从、低于	1	1	常规操作

图 3-13　不同数据类型对应符号和状态矩阵

第 32 位 PAR：奇偶校验位。ARINC 429 数据字信息传输系统的数据发送器根据当前 1～31 位的逻辑"1"来决定第 32 位的逻辑值，使整个 32 位的逻辑"1"的个数始终是奇数。

数据经过传输后，接收系统再次计算每个字的逻辑"1"的个数，若仍为奇数,则可认为传输有效,否则认为无效。

3.3.2 基于 ARINC 664 规范的数据传输技术

1)概述

ARINC 664 规范是 ARINC 公司负责制定的下一代航空数据网络规范。该规范分为 8 个部分,从不同层次对航空数据网络的各个方面进行了系统的定义,形成了以 AFDX 技术为核心的下一代航空数据网络规范。

新一代航空电子系统的实现取决于许多技术的突破,而高速数据传输技术是实现各系统互联、通信的关键技术。新一代航空电子系统要求各系统间的数据通信采用更通用的数据传输机制,数据总线具有高度分布式处理能力和高吞吐率,且具有抗各种干扰的能力,从而提高在恶劣环境中的生存能力和安全性。ARINC 664 规范的第 7 部分定义了适用于新一代航空电子系统的航空数据网络 AFDX。

AFDX 技术基于 IEEE 802.3(以太网和 TCP/IP 通用原理),利用商用货架产品(commercial off the shelf, COTS)网络化技术实现飞机设备间的高速数据通信,AFDX 与普通商用以太网最大的不同点在于 AFDX 采用了虚链路技术和冗余管理,提高了数据传输的可靠性和服务质量。

2)总线结构

图 3 - 14 描述了 AFDX 协议与涉及的开放式系统互联(open system interconnection, OSI)模型、IEEE 以太网标准间的关系。从图中可以看出,AFDX 协议是基于商业以太网标准,采用 IEEE 802.3/IP/UDP 协议的大部分内容,并根据航空电子系统集成的实际情况进行了优化的通信协议,是一个用于航空电子设备集成的系统通信接口协议。AFDX 协议按照层次划分,可以分为传输层、网络层、链路层(MAC)和物理层 4 层。

3)信息处理流程

整个 AFDX 协议栈主要作用是有效、及时地封装处理接口端发送和接收

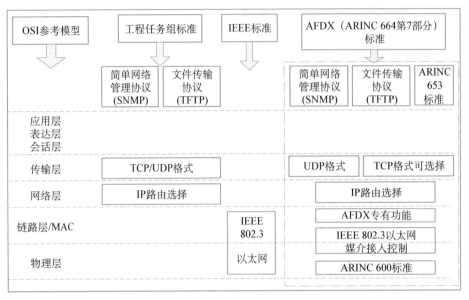

图 3-14 AFDX 协议与涉及的 OSI 模型、IEEE 以太网标准间的关系

的数据。AFDX 的信息流程包含在链路层中。当在 AFDX 端口间传送信息时，牵涉到发送端口、AFDX 交换机和接收端口的协同工作，并需要配置合理的地址，使信息到达需要到达的端口。AFDX 信息处理流程如图 3-15 所示。

图 3-15 中，M 信息被航空电子子系统送入端口 1，在 AFDX 端口 1 进行规定的封装，形成以太网帧格式，并通过虚拟链接地址 100 发送到 AFDX 交换机中；通过配置 AFDX 交换机的前向队列表，把 M 信息传送到 AFDX 接收端口 2；在 AFDX 接收端口 2 对 M 信息进行解包处理，最终把 M 信息送入需要的航空电子子系统中。AFDX 网络一个重要的特性是网络信息包中所涉及的虚拟链接 ID 号在 AFDX 端口中是一致的。AFDX 网络交换机采用虚拟链接 ID 号选择预定的路由。因此，虚拟链接可以使信息包从源头送到固定的目的地。从图中可以看出，从源端系统 1 发送一个带有虚拟链接 ID 号的以太网帧信息到 AFDX 网络，通过 AFDX 交换机转送到预先设定好目的地址的端系统 2 和 3。

（1）接收解包过程。接收协议栈主要处理从 AFDX 端口接收的信息，其信

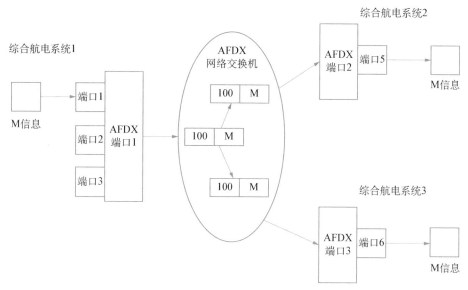

图 3-15　AFDX 信息处理流程

息接收解包过程如图 3-16 所示。

在虚拟链接层,利用帧校验序列对所接收的以太网帧格式进行检验,确定无误后,去除以太网帧格式中的帧检验序列以便生成 IP 帧。在 IP 网络层,对 IP 帧进行校验、验证和 UDP 帧的重组。完成 UDP 帧重组后,通过 UDP 传输层把 AFDX 信息送到合适的 UDP 端口。

(2) 发送打包过程。发送协议栈主要将信息按 AFDX 格式发送到 AFDX 端口,其打包发送过程如图 3-17 所示。

UDP 传输层主要负责添加 UDP 报头,包括信息源和目的端的 UDP 端口地址;在 AFDX 通信状态下,这些 UDP 端口地址通常是设置好、固定不变的,只有在维修端口,其 IP 地址和 UDP 地址是动态分配的。IP 网络层主要负责接收 UDP 帧和确定是否需要进行 IP 分区,IP 网络层采用适当的虚拟链接确定分区是否必要,对每一个分区进行 IP 头和校验和的封装,IP 网络层还负责以太网帧格式的封装。虚拟链接层负责安排发送以太网格式信息,并添加到发

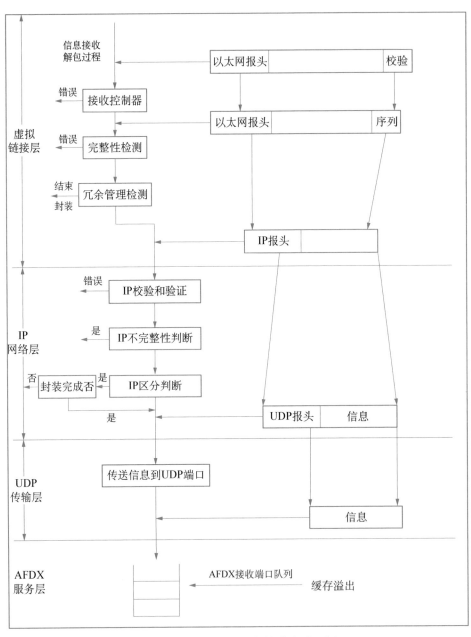

图 3－16　AFDX 信息接收解包过程

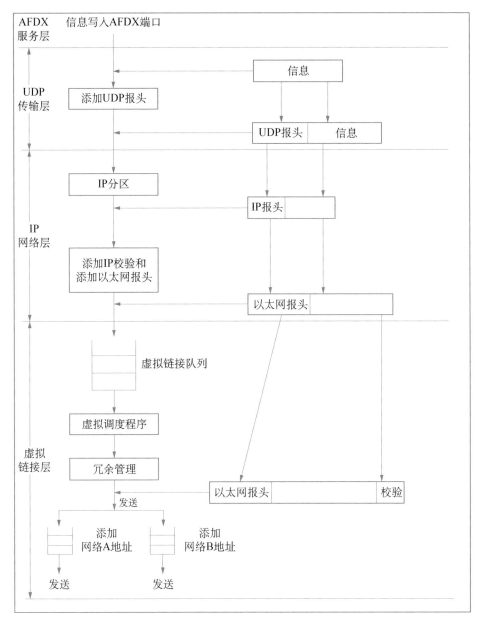

图 3-17　AFDX 发送打包过程

送顺序队列中,该层发送的信息格式还需通过检测是否重复、信息格式中以太网地址是否已进行更新等冗余管理单元后才能发送到 AFDX 网络中。

（3）数据格式。从图 3-18 中可以看出，在 AFDX 数据格式负载段中包含多个报头。IP 信息包（报头和数据负载）组成 AFDX 以太网数据负载段。UDP 信息包（报头和数据负载）组成 IP 信息包，UDP 的数据段由相关航空电子子系统的信息组成。当有用信息的长度小于 18 B 时，需要在有用信息后添加字节，重组为 18 B 的数据段；当有用信息的长度大于或等于 18 B 时，不需添加任何字节。IP 报头的一个重要功能是为超长的 UDP 信息包提供分段控制。IP 报头中包含有目的端口的识别码和分区识别符，或者多点传送地址。IP 目的地址中还包含虚拟链接目的地址和 ID 号。UDP 报头中包含信息源和目的地的 UDP 端口号。在一般情况下，通过这些地址信息，AFDX 可以把某信息从源地安全发送到目的地。

14 B	20 B	8 B	17~1 472 B	1 B	4 B
以太网帧头	IP报头	UDP报头	数据	序列号	校验

图 3-18 AFDX 数据格式

3.4 数据记录

在飞行记录系统中，采集到的不同类型的数据信息需要按照一定的数据格式送往记录器，记录器将数据存储在非易失存储介质中，供后续下载、分析数据使用。飞行数据的记录，特别是 FDR 的数据记录格式从早期的 ARINC 542 和 ARINC 573 发展到现在广泛应用的 ARINC 717 和 ARINC 747，目前最新的数据记录格式为 ARINC 767。早期的存储介质为磁带、光盘，目前使用的为固态存储器。

本节将对基于 ARINC 717、ARINC 767 的数据记录技术以及记录系统发展过程中所用的存储介质和存储管理进行详细介绍。

3.4.1 基于 ARINC 717 的数据记录技术

1）概述

ARINC 717 规范为数字式飞行数据采集记录系统的开发、研制和安装提供了设计指南。ARINC 717 规范包括为适应强制性飞行数据记录及其他飞行数据采集需求所必需的专门要求，以及在标准飞机安装过程中为确保用户控制的设备互换性要求。

FDR 经历了从模拟式 FDR 到数字式 FDR，以及从 QAR 光盘记录到 WQAR 无线自动下传数据的转变历程，对应的飞行数据记录格式也经历了从 ARINC 542 到 ARINC 573，再到 ARINC 717 的过程，记录的参数从早期只要求记录 5 个参数，发展到 11、17、28、34 和 88 个参数。这些参数是 ICAO 和 FAA 要求记录的参数，在 1991 年，ICAO 和 FAA 要求增加记录参数到 28 个，即 FAA 91 规则。在 1997 年，ICAO 和 FAA 接受美国国家运输安全委员会（National Transportation Safety Board，NTSB）建议后更新了飞行数据记录的要求，要求参数记录数量最多增加到 88 个。在 FAA 91 规则之后，FAA 于 2010 年又发布了新的数据记录要求，简称 FAA 2010 规则。

无论是 ARINC 542、ARINC 573 还是 ARINC 717，都采用将记录数据的编排格式称为"帧"结构的方式。帧是信息记录的一种单位，帧开头为同步字，以保证记录的数据在数据译码时不会出现混乱。

2）ARINC 542 规范记录格式

ARINC 542 规范记录从飞机系统直接过来的模拟参数，只记录 5 个主要参数，即空速、高度、垂直加速度、航向和时间，记录数量很少。

以国外某公司型号的 FDR 为例，其一帧（1 s）记录格式主要如表 3-3 所示。

表 3 - 3 国外某公司型号的 FDR 一帧的记录格式

同步字	空速	高度	垂直加速度	航向	时间

每帧记录 1 s,每秒记录 10 个字,每个字长为 12 位。

3) ARINC 573 规范记录格式

随着对飞行事故调查的需要,原来的 ARINC 542 规范已经无法满足 FAA 要求,ARINC 573 规范的建立及时给飞机制造商和 FDR 制造商明确了参数记录的准则。

ARINC 573 规范中数据记录格式如下:每 4 秒记录 1 帧,每帧分成 4 个副帧(也称为子帧),每个副帧记录 1 秒,每个副帧一般又有 64 个字(即有 64 个字槽),每个字有 12 位,如表 3 - 4 所示。这种 64 字/秒的记录格式使得记录参数拓展到近 100 个。由此可以看出,与之前的 ARINC 542 相比,ARINC 573 记录的参数的数量及容量都有了很大提高。

表 3 - 4 ARINC 573 规范中数据记录格式

字槽号	副帧 1	副帧 2	副帧 3	副帧 4
00	同步字 1	同步字 2	同步字 3	同步字 4
01	参数	参数	参数	参数
02	参数	参数	参数	参数
03	参数	参数	参数	参数
⋮	⋮	⋮	⋮	⋮
63	参数	参数	参数	参数

4) ARINC 717 规范记录格式

ARINC 717 规范是目前绝大多数民用运输飞机所采用的记录规范。为了解决记录的数量和容量问题,在 ARINC 573 规范的基础上发展成了 ARINC 717 规范。主要增加了以下两种变化。

（1）增加 FDR 记录速率。一般来说，ARINC 573 规范的记录速率为 64 字/秒，增加速率后可以提高到 128 字/秒、256 字/秒、512 字/秒等，从而使得参数记录量增加到 200～400 个。目前，FAA 于 2010 年颁布的新规则要求的是 512 字/秒，当然速率提高后，相应对 FDR 记录容量的要求也要提高。

（2）采用超级帧。所谓超级帧即原来在一个字槽或多个字槽记录一个参数，现在采用在一个字槽中记录多个参数的方式来扩大记录参数的数量，目前较普遍采用的是在一个字槽中记录 16 个参数，这样的帧称为超级帧。为了不搞混记录的参数，必须采用分时顺序记录，这样使记录的参数增多，但刷新率大大降低。此类参数只适用 FAA 规则中要求刷新率低或不变的参数，如日期、航班号、机场代码等。每个超级帧均有"超级帧循环计数器"，通常用 0～15 表示，对应代表不同的参数。

3.4.2　基于 ARINC 767 的数据记录技术

随着航空电子总线 AFDX 的应用，基于 ARINC 717 规范的数据记录系统已无法适应 AFDX 的网络架构。2006 年，ARINC 发布了 ARINC 767 规范，提供了基于 AFDX 总线的 EAFR 设计指南。针对数据记录，规定采用 ARINC 647A 记录格式，打破了以前按照固定帧长度和以秒为顺序记录飞行数据的特点，转而采用不固定长度帧记录。

1）EAFR 帧格式

飞机可以通过 AFDX 网络将帧数据传递至 EAFR。EAFR 对完整的 AFDX 帧结构做一些必要处理，如除去传输信息（如以太网、IP、UDP 头等传输时用于标记目的地的信息），提取有效数据，再建立 EAFR 存储帧，用于存储飞行数据。EAFR 帧由帧头、帧数据、帧尾构成。EAFR 数据帧的格式如图 3－19 所示。

	帧头				帧数据		帧尾	
字段号	1	2	3	4	5	6	7	8	9
字段内容	帧起始信标	帧长度	时间签	帧类型	帧标识符	数据位	末位对齐位	帧类型	帧标识符
字段类型	无符号整数	无符号整数	无符号整数	无符号整数	无符号整数	位串	位串	无符号整数	无符号整数
大小	16 位	16 位	32 位	8 位	8 位	变量	8 位	8 位	8 位
范围	固定的	14~2 048	—	0	1~255	—	—	0	1~255

图 3-19 EAFR 数据帧格式

其中,帧头包括以下各部分。

(1) 帧起始信标:16 位固定的编码,译码软件通过识别起始信标判断是否是新的一帧,类似于 ARINC 717 内各子帧的同步字。

(2) 帧长度:用于标示帧总长度,判断各帧定位。

(3) 时间签:用于标示该帧形成时相对于开始记录的时间,译码软件通过读取该值,判断各帧数据的先后顺序。该值不同于帧储存到 EAFR 的时间,这是因为 EAFR 在储存数据时可能将各个帧的数据先存在寄存器里,再一起记录到 EAFR 内。因此,该值是各帧相对顺序的唯一标识。

(4) 帧标识符:用于标示不同类型数据帧的编号,但一般第 1 和第 2 位保留。

帧数据包括两部分。

(1) 数据位:该位置记录的是采集频率相同的飞行参数(如气压高度、空速)。由于每一类帧(如 1 Hz 帧与 4 Hz 帧)或同类帧的不同帧(如 1 Hz 帧前后 2 秒)的数据可能不同,因此数据大小未定,但数据位至少包括一个参数。一类帧内一次可以同时传输多个采集频率相同的参数。

（2）末位对齐位：特殊编码，用于数据位的末位对齐。

帧尾采用特殊编码，用于标示数据帧已结束。

2）EAFR 帧存储原理

各类飞行数据在以 EAFR 帧的形式储存在 EAFR 之前，都会先存储在数据获取系统的接收缓存器，也就是消息池内。EAFR 会按从消息池内采集该类帧（即同频率）需要记录的全部参数的最新数据，一起封装在帧结构的数据位内，从而将采样频率相同的参数放置在同一帧，确保同一帧中参数的采样频率是一致的。EAFR 采集参数的规则和顺序会如实地记录在符合 ARINC 647A 规范的飞行记录器电子文档(flight recorder electronic documentation，FRED)文件内，用于译码。

由于飞行数据来自不同的系统，因此这些数据到达消息池的时间不同。存储在 EAFR 内的帧数据以该帧建立的时间作为时间签，标记该帧内全部数据的记录时间，即 EAFR 帧内的数据可能并不是同一时刻产生的，但时间延迟很小，可以认为是同时产生的。当各个系统以 AFDX 或者 ARINC 429 形式将数据传递至消息池时，先存储在缓存器内。在 TS1 时刻，采集如 Alt、IAS、Nz 等参数，封装在 FL1 帧内；同时，采集如 N1、WoW 和 ROll 等参数封装在 FL2 内。在 TS2 时刻，FL1 同样采集与 TS1 时刻一样的参数；同时，采集 N2、Yaw 和 Flap 等参数封装在 FL3 内。这就意味着 FL1 是个高频率帧，FL2 和 FL3 是低频率帧，且 FL2 和 FL3 的频率不同。EAFR 帧的存储流程如图 3-20 所示。

EAFR 每个帧时刻建立的帧数量都是不定的，这与 EAFR 设计原理相关。假设该 EAFR 记录的最高频率为 16 Hz，则在每个 1/16 s 都会建立 1 个 16 Hz 帧。在第 1/16、3/16、5/16、7/16、9/16、11/16、13/16 和 15/16 s 都会建立 1 个 8 Hz 帧；在第 2/16、6/16、10/16 和 14/16 s 都会建立 1 个 4 Hz 帧；在第 4/16 和 12/16 s 都会建立 1 个 2 Hz 帧；在第 8/16 s 建立 1 个 1 Hz 帧（见图 3-21）。这样在每一个帧时刻都会建立 2 个帧。

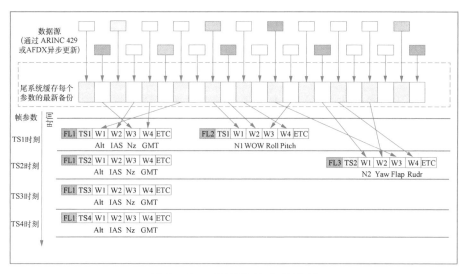

图 3 - 20 EAFR 帧存储流程

帧时刻	1/16	2/16	3/16	4/16	5/16	6/16	7/16	8/16	9/16	10/16	11/16	12/16	13/16	14/16	15/16	16/16
帧	16 Hz	16 Hz	16 Hz	16 Hz	16 Hz	16 Hz	16 Hz	16 Hz	16 Hz	16 Hz	16 Hz	16 Hz	16 Hz	16 Hz	16 Hz	16 Hz
	8 Hz	4 Hz	8 Hz	2 Hz	8 Hz	4 Hz	8 Hz	1 Hz	8 Hz	4 Hz	8 Hz	2 Hz	8 Hz	4 Hz	8 Hz	1 Hz

图 3 - 21 一种可能的 EAFR 帧排列

3.4.3 存储介质分类及数据读写原理

回顾飞行记录系统的发展历史,用于进行数据记录(包括 FDR、CVR 和 QAR 数据记录等)的存储介质经历了从磁带存储介质到光盘存储介质(早期 QAR 数据存储),再到固态存储介质的发展。

1) 磁带存储介质

磁带存储介质主要指磁带存储器。磁带存储器属于磁表面存储器,所谓磁表面存储,即用某些磁性材料薄薄地涂在金属铝或塑料表面作为载磁体(即磁带)来存储信息,其信息的存取采用顺序存取方式。

磁带是一种柔软的带状磁性记录介质,它由带基和磁表面层两部分组成,带基多为薄膜聚酯材料,磁表面层所用材料多为 $\gamma - Fe_2O_3$ 和 CrO_2 等。

早期飞行记录系统通过内部磁带控制器在磁带存储器上记录数据。磁带控制器是磁带上存取数据的控制电路设备,可控制磁带机执行写,读,进、退文件等操作。如图 3-22 所示的磁带机就是以磁带为记录介质的数字磁性记录装置,它由磁带传送机构、伺服控制电路、读写磁头、读写电路和有关逻辑控制电路等组成。磁带记录方式,可分为不归零制(non-return-to-zero,NRZ)、调相制(phase modification,PM)、调频制(frequency modification,FM)几大类。

飞行记录系统中的磁带可以方便地取出保存以及在机上进行更换。除此之外,它还有存储容量大、价格低廉、携带方便等特点。

图 3-22　磁带机

磁带存储器读、写数据的基本原理如下:在磁带存储器读写设备(如磁带机)中,利用设备中的磁头形成和判别磁带磁层中的不同磁化状态,实现数据的写入和读出。磁头是由软磁材料作为铁芯,绕有线圈的电磁铁,包括读写两种,如图 3-23 所示。

当写入线圈中通过一定方向的脉冲电流时,铁芯内会产生一定方向的磁通。由于铁芯是高导磁率材料,而铁芯空隙处为非磁性材料,因此在铁芯空隙

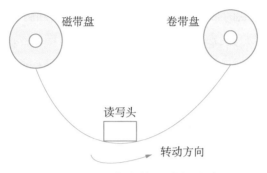

图 3-23　磁带存储器数据的读写

处会产生很强的磁场。在这个磁场作用下,载磁体被磁化成相应极性的磁化位或磁化元。若在写入线圈里通入相反方向的脉冲电流,则可得到相反极性的磁化元。如果我们规定按图 3-23 中所示电流方向为写 1,那么写线圈里通以相反方向的电流时即为写 0,上述过程称为写入。显然,一个磁化元就是一个存储元,一个磁化元中存储一位二进制信息。当载磁体相对于磁头运动时,就可以连续写入一连串的二进制信息。

当磁头经过载磁体的磁化元时,由于磁头铁芯是良好的导磁材料,因此磁化元的磁力线很容易通过磁头形成闭合磁通回路。不同极性的磁化元在铁芯里的方向是不同的。当磁头对载磁体做相对运动时,磁头铁芯中磁通的变化使读出线圈感应出相应的电动势 e(感应电势),负号表示感应电势的方向与磁通的变化方向相反。不同的磁化状态所产生的感应电势方向不同。这样,不同方向的感应电势经读出放大器放大鉴别,就可判知读出的信息是 1 还是 0。

2) 光盘存储介质

为了满足飞行品质监控和飞机日常维修监控的需要,飞机上普遍安装了 QAR。早期的 QAR 是将数据存储在光盘上,目前普遍是存储在如 PC 卡、CF 卡等固态存储介质中。通过拔插数据卡读取记录的飞行数据可以实现数据的快速下载。

光盘是以光信息作为存储载体,并用来存储数据的一种物品(见图 3-24)。光盘利用激光原理进行读写,是一种发展迅速的辅助存储器,可以存放各

种文字、声音、图形、图像和动画等多媒体数
字信息。

　　常见的 CD 光盘非常薄,它只有 1.2 mm
厚,但却包括了很多结构。CD 光盘主要分为
五层,为基板、记录层、反射层、保护层、印刷
层。基板是各功能性结构(如沟槽等)的载
体,其使用的材料是聚碳酸酯,冲击韧性极
好。记录层是烧录时刻录信号的地方,其主
要工作原理是在基板上涂抹专用的有机染

图 3 - 24　光盘

料,以供激光记录信息。烧录前后的反射率不同,经由激光读取不同长度的信
号时,通过反射率的变化形成"0"与"1"信号,借以读取信息。反射层是反射光
驱激光光束的区域,借反射的激光光束读取光盘中的资料。保护层用来保护光
盘中的反射层及记录层,防止信号破坏。印刷层用于印刷光盘的客户标识、容
量等相关资讯。

　　常见的光盘类型主要有 CD、CD - ROM、VCD、CD - R、CD - RW、DVD＋
RW 和 BD - ROM 等。

　　3) 固态存储介质

　　在飞行记录系统中,常见的固态存储介质主要有 Flash 存储介质和固态硬
盘等。

　　(1) Flash 存储介质。

　　Flash 又称闪存,是一种非易失性存储器,不仅具备电子可擦除、可编程
(EEPROM)的性能,而且不会断电丢失数据,同时可以快速读取数据。Flash
存储介质的种类可分为 NOR Flash 和 NAND Flash。

　　NOR Flash 存储内容以编码为主,其功能多与运算相关,主要用来执行片
上程序。其优点是具有很好的读写性能和随机访问性能,因此它先得到广泛的
应用;缺点是单片容量较小且写入速度较慢,限制了其应用范围。

NAND Flash(如数码相机中所用记忆卡)主要功能是存储资料,主要用在大容量存储场合。其优点是优秀的读写性能、较大的存储容量和性价比,因此在大容量存储领域得到了广泛的应用;缺点是不具备随机访问性能。

(2)固态硬盘。简称固盘,是用固态电子存储芯片阵列制成的硬盘,由控制单元和存储单元(Flash 芯片、DRAM 芯片)组成,如图 3-25 所示。

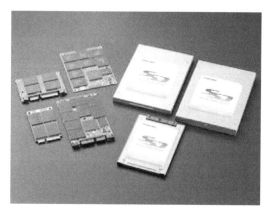

图 3-25　固态硬盘

基于闪存的固态硬盘是固态硬盘的主要类别,其内部构造十分简单,固态硬盘的主体其实就是一块印制电路板(printed circuit board,PCB)板,而这块PCB 板上最基本的配件就是控制芯片、缓存芯片(部分低端硬盘无缓存芯片)和用于存储数据的闪存芯片。

市面上比较常见的固态硬盘有 LSI SandForce、INDILINX、JMicron、Marvell、Phison、Goldendisk、Samsung 以及 Intel 等多种主控芯片。主控芯片是固态硬盘的"大脑",不仅合理调配数据在各个闪存芯片上的负荷,而且承担了整个数据中转的工作,连接闪存芯片和外部 SATA 接口。不同的主控之间能力相差非常大,在数据处理能力、算法、对闪存芯片的读取和写入控制上会有非常大的不同,直接导致固态硬盘产品在性能上相差很大。

固态硬盘的存储介质分为两种:一种采用闪存(Flash 芯片)作为存储介质,其特点如前所述;另一种采用 DRAM 芯片作为存储介质,它是一种高性能存储器,但是需要外部电源支持,应用范围较窄。

固态硬盘具有传统机械硬盘不具备的读写快速、质量轻、能耗低以及体积小等特点,同时其劣势也较为明显。尽管固态硬盘已经进入存储市场的主流行列,但其价格仍较为昂贵,容量较低,一旦硬件损坏,数据较难恢复。固态硬盘与机械硬盘如图 3 - 26 所示。

图 3 - 26　固态硬盘与机械硬盘

以下针对飞行记录器 CSMU 中的 NAND Flash 固态存储,简要说明其数据读写工作原理。

NAND Flash 都不支持覆盖写入,即写入操作只能在空的或已擦除的单元内进行。在更改数据时,将整页拷贝到缓存中修改对应页,再把更改后的数据挪到新的页中保存,将原来位置的页标记为无效页,如图 3 - 27 所示。

以"页"为单位写入,以"块"为单位擦除;擦除前需要先对里面的有效页进行搬迁。指定在已有无效数据的位置写入时,需要先擦除无效页才能在该位置写入新数据,如图 3 - 28 所示。

每个"块"都有擦除次数限制(有寿命),擦除次数过多会成为坏块。

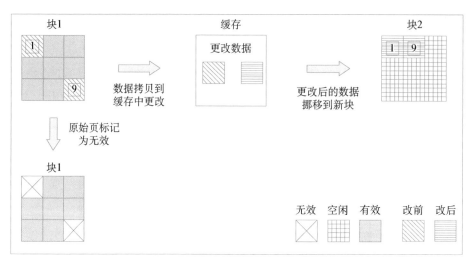

图 3-27 NAND Flash 更改数据过程

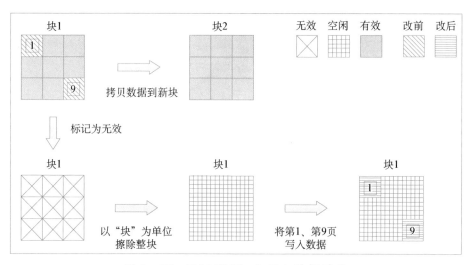

图 3-28 NAND Flash 写入数据过程

3.4.4 数据存储管理

随着飞行记录系统所记录的数据大幅增加,FDR 和 QAR 的存储容量剧增,存储管理技术在确保数据可靠存储和快速下载方面显得日益重要。

1)存储管理方式

存储管理方式主要包括分区存储管理、分页存储管理、分段存储管理、段页式存储管理以及虚拟存储管理。

（1）分区存储管理的方式有静态分区和可变分区两种。静态分区存储管理预先把可分配的主存储器空间分割成若干个连续区域，每个区域的大小可以相同，也可以不同。可变分区存储管理按作业的大小划分分区。当要装入一个作业时，根据作业需要的主存量查看主存中是否有足够的空间，若有，则按需要量分割一个分区分配给该作业；若无，则令该作业等待主存空间。

（2）分页存储管理将一个进程的逻辑地址空间分成若干大小相等的片，称为"页面"或"页"，并将各页编号，从 0 开始，如第 0 页、第 1 页等。相应地，也把内存空间分成与页面大小相同的若干存储块，称为（物理）"块"或"页框"，也同样为它们编号，如 0♯块、1♯块等。在为进程分配内存时，以块为单位将进程中的若干页分别装入多个可以不相邻的物理块中。由于进程的最后一页经常装不满一块而形成了不可利用的碎片，因此称之为"页内碎片"。

（3）在分段存储管理方式中，作业的地址空间被划分为若干个段，每个段定义了一组逻辑信息。例如，有主程序段 MAIN、子程序段 X、数据段 D 及栈段 S 等。每个段都有自己的名字。为了简单起见，通常可用一个段号代替段名，每个段都从 0 开始编址，并采用一段连续的地址空间。段的长度由相应的逻辑信息组的长度决定，因而各段长度不等。由于整个作业的地址空间分成多个段，因此是二维的，亦即其逻辑地址由段号（段名）和段内地址组成。

（4）段页式存储管理的基本原理是分段存储管理方式和分页存储管理方式原理的结合，即先将用户程序分成若干段，再把每个段分成若干页，并为每一个段赋予一个段名。

（5）当程序的存储空间要求大于实际的内存空间时，程序就难以运行了。虚拟存储管理技术就是使实际内存空间和相对大得多的外部存储器存储空间相结合，构成一个远远大于实际内存空间的虚拟存储空间，程序就在这个虚拟存储空间中运行。能够实现虚拟存储的依据是程序的局部性原理，即程序在运行过程中经常体现出运行在某个局部范围之内的特点。在时间上，经常运行相同的指令段和数据(称为时间局部性);在空间上,经常运行某一局部存储空间的指令和数据(称为空间局部性),有些程序段不能同时运行或根本不能运行。虚拟存储管理是把一个程序所需要的存储空间分成若干页或段,程序运行用到页和段就放在内存里,暂时不用就放在外存里。当用到外存里的页和段时,就把它们调到内存,反之就把它们送到外存。装入内存里的页或段可以分散存放。

2) 存储文件系统

存储文件系统是操作系统用于明确存储设备(常见的是磁盘,也有基于NAND Flash 的固态硬盘)或分区上的文件的方法和数据结构,即在存储设备上组织文件的方法。操作系统中负责管理和存储文件信息的软件机构称为文件管理系统,简称文件系统。文件系统由三部分组成:文件系统的接口、对象操纵和管理的软件集合、对象及属性。从系统的角度来看,文件系统是对文件存储设备的空间进行组织和分配,负责文件存储并对存入的文件进行保护和检索的系统。具体地说,它负责为用户建立文件,存入、读出、修改、转储文件,控制文件的存取,当用户不再使用时撤销文件等。

(1) FAT 文件系统。在 Windows 9X 操作系统下,FAT16 支持的分区最大为 2 GB。我们知道计算机将信息保存在硬盘上称为"簇"的区域内。使用的簇越小,保存信息的效率就越高。在 FAT16 的情况下,分区越大簇就越大,存储效率就越低,势必造成存储空间的浪费。随着计算机硬件和应用技术的不断提高,FAT16 文件系统已不能很好地适应系统的要求。在这种情况下,推出了增强的文件系统 FAT32。与 FAT16 相比,FAT32 主要具有以下特点:

a. 可以支持的磁盘大小达到 32 GB,但是不能支持小于 512 MB 的分区。基于 FAT32 的 Windows 2000 操作系统可以支持的分区最大为 32 GB;而基于 FAT16 的 Windows 2000 操作系统可以支持的分区最大为 4 GB。

b. 由于采用了更小的簇,因此 FAT32 文件系统可以更有效率地保存信息。如两个分区大小都为 2 GB,一个分区采用了 FAT16 文件系统,另一个分区采用了 FAT32 文件系统。采用 FAT16 的分区的簇大小为 32 KB,而采用 FAT32 分区的簇只有 4 KB。这样 FAT32 就比 FAT16 的存储效率要高很多,通常情况下可以提高 15%。

c. FAT32 文件系统可以重新定位根目录和使用 FAT 的备份副本;且 FAT32 分区的启动记录包含在一个含有关键数据的结构中,减小了计算机系统崩溃的可能性。

(2) NTFS 文件系统。NTFS 文件系统是基于安全性的文件系统,是 Windows NT 操作系统所采用的独特文件系统结构,它是一种建立在保护文件和目录数据的基础上,同时兼顾节省存储资源、减少磁盘占用量的先进文件系统。使用非常广泛的 Windows NT 4.0 操作系统采用的就是 NTFS 4.0 文件系统,它所带来的强大的系统安全性给广大用户留下了深刻的印象。Windows 2000 操作系统采用了更新版本的 NTFS 文件系统 NTFS 5.0,它的推出使用户不但可以像 Windows 9X 操作系统那样方便、快捷地操作和管理计算机,而且也可享受到 NTFS 所带来的系统安全性。

3.5 数据下载

在飞行记录系统中,针对 FDR、CVR 等具有坠毁保护能力的记录器,需要通过专用数据下载设备下载记录器中的数据信息,从而为地面数据分析提供数据;对于不具有坠毁保护能力的 QAR,通过人工拔插更换数据卡可以实现数据的快速下载;对于具有无线传输能力的 WQAR,当飞机着陆后,数据通过无线网络可以自动地快速传输到地面数据中心,实现数据自动快速下载。根据局方规定,基于对机组成员隐私的考虑,记录器中存储的语音、图像等数据不允许在航线外场进行下载、回放。

目前新型飞机普遍采用以太网总线实现 FDR 数据、CVR 数据的数据信息下载。本节将对基于以太网的数据下载技术和常用数据下载设备进行介绍,并对 QAR/WQAR 数据下载进行说明。

3.5.1　基于以太网的数据下载技术

1) 概述

以太网是由 Xerox 公司创建,并由 Xerox、Intel 和 DEC 公司联合开发的基带局域网规范,是当今局域网采用的最多的通信协议标准[11-12]。

以太网不是一种具体的网络,而是一种技术规范。该规范定义了在局域网(LAN)中采用的电缆类型和信号处理方法。以太网在互联设备之间以 10～100 Mb/s 的速率传送信息包,双绞线电缆 10 Base T 以太网由于其低成本、高可靠性以及 10 Mb/s 的速率而成为应用最为广泛的以太网技术。直扩的无线以太网的速率可达 11 Mb/s,许多制造供应商提供的产品都能采用通用的软件协议进行通信,开放性良好。

以太网经过多年的发展,由最初的标准以太网发展到快速以太网,并不断向千兆以太网、万兆以太网发展。

早期的以太网拓扑结构为总线型。总线型结构所需的电缆较少,价格便宜,管理成本高,不易隔离故障点,采用共享的访问机制,易造成网络拥塞。此外,总线型结构虽然管理方便,容易扩展,但需要专用的网络设备作为网络的核心节点,需要更多的网线,对核心设备的可靠性要求高。因此,以太网的拓扑结构已逐渐发展为星型等各种结构。

2) 以太网帧格式

以太网帧格式主要有四种类型,即 Ethernet II、Ethernet 802.3 raw、Ethernet 802.3 SAP 和 Ethernet 802.3 SNAP。在每种格式的以太网帧的开始处都有 64 bit(8 B)的前导字符,如图 3-29 所示。其中,前 7 个字节称为前同步码,内容是 16 进制数 0xAA,最后 1 个字节为帧起始标志符 0xAB,它标识着以太网帧的开始。前导字符的作用是使接收节点同步并做好接收数据帧的准备。

10101010	10101010	10101010	10101010	10101010	10101010	10101010	10101011

图 3-29 以太网帧前导字符

除此之外,不同格式的以太网帧的各字段定义都不相同,彼此也不兼容。下面分别介绍各自的帧格式。

Ethernet II 型帧格式即 DIX 2.0,是由 Xerox 与 DEC、Intel 公司在 1982 年制订的以太网标准帧格式,如图 3-30 所示。

6 B	6 B	2 B	46~1 500 B	4 B
目标MAC地址	源MAC地址	类型	数据	帧校验序列

图 3-30 Ethernet II 型帧格式

IEEE 在 1983 年公布的 Ethernet 802.3 raw 型帧格式如图 3-31 所示。

6 B	6 B	2 B	2 B	44~1498 B	4 B
目标MAC地址	源MAC地址	总长度	0xFFFF	数据	帧校验序列

图 3-31 Ethernet 802.3 raw 型帧格式

IEEE 在 1985 年公布的 Ethernet 802.3 SAP 型帧格式如图 3-32 所示。

6 B	6 B	2 B	1 B	1 B	1 B	44~1 498 B	4 B
目标MAC地址	源MAC地址	总长度	DSAP	SSAP	控制	数据	帧校验序列

图 3-32 Ethernet 802.3 SAP 型帧格式

IEEE 在 1985 年公布的 Ethernet 802.3 SNAP 型帧格式如图 3-33 所示。

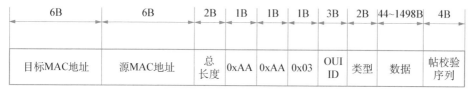

6B	6B	2B	1B	1B	1B	3B	2B	44~1498B	4B
目标MAC地址	源MAC地址	总长度	0xAA	0xAA	0x03	OUI ID	类型	数据	帖校验序列

图 3-33 Ethernet 802.3 SNAP 型帧格式

Ethernet 802.3 SNAP 型帧格式和 Ethernet 802.3 SAP 型帧格式的主要区别有如下几点。

(1) 2 个字节的 DSAP 和 SSAP 字段内容被固定下来,其值为 16 进制数 0xAA。

(2) 1 个字节的"控制"字段内容被固定下来,其值为 16 进制数 0x03。

(3) 增加了 SNAP 字段,由下面两项组成:

a. 新增了 3 个字节的组织唯一标识符(organizationally unique identifier, OUI ID)字段,其值通常等于 MAC 地址的前 3 字节,即网络适配器厂商代码。

b. 2 个字节的"类型"字段用来标识以太网帧所携带的上层数据类型。

3.5.2 常用数据下载设备

数据下载即通过专用下载设备下载存储在记录器中的飞行数据、音频数据、视频数据、数据链数据等,以供地勤人员处理和保存。

数据下载的工作原理如下:当进行数据下载时,专用下载设备将下载指令发送给记录器,记录器响应指令后,根据相关传输协议把数据发送给下载设备,从而完成数据下载工作。

常用的数据下载设备根据其使用场景一般分为两种:外场维护下载设备和手持式下载设备。

1) 外场维护下载设备

该设备主要用于在航线上检测飞行记录系统设备,实时监测记录的数据,置入履历信息,下载记录器数据以及辅助传感器标校等,如图 3-34 所示。通常由主计算机、键盘、显示器、通信接口、专用测试电缆等组成。具有 10 Mb/s 和 100 Mb/s 自适应以太网接口,通过此接口,将专用测试电缆连接至飞行记录系统维护接口,可实现相应的地面保障工作。

图 3-34　外场维护下载设备

设备具有处理性能高、存储能力强,显示亮度高,阳光下可视等特点。采用合金材料一体式机箱,重量轻(小于 5 kg)、耐高低温、抗震动、防水、防尘、耐湿热和防电磁辐射等,环境适应能力强。

2) 手持式下载设备

手持式下载设备属于手持式便携设备,适用于快速下载飞行记录系统中记录器的数据,如图 3-35 所示。

手持式下载设备和外场维护下载设备都是飞行记录系统中常用的地面保障设备。手持式下载设备能够快捷地完成记录器中数据信息的下载工作,功能单一,专用于数据的快速下载,售价低。外场维护下载设备

图 3-35　手持式下载设备

除了能够便捷地下载机上记录器中的数据外,还可以在线查看飞行记录系统的设备工作状态,以及辅助传感器标校。通过安装数据译码分析软件,还能对下载的数据进行快速处理和回放,便于地勤人员现场查看机上状态信息。外场维护下载设备功能多且扩充性强,但售价高。

3.5.3　QAR 和 WQAR 数据下载

现代飞机普遍安装有 QAR,其记录数据容量大,数据易提取,可以备份 FDR 的飞行数据,被航空公司广泛应用于飞行品质监控、发动机性能监控、辅助飞机维修排故。目前国内航空公司使用的 QAR 普遍采用 PC 卡作为数据存储介质,每天航后需要由维护人员从机上 QAR 中取出记录有数据的 PC 卡,更换一张新卡,并将装有数据的 PC 卡交由译码部门译码分析,从而实现数据快速下载。

QAR 采用人工介入方式实现数据下载,无疑会给分析飞行品质、发动机性能及日常机务维护带来延后性,并增加维护成本。于是产生了更及时、更高效的 WQAR。WQAR 自带发射天线,能够在飞机航班落地后,根据预设的控制逻辑(如舱门打开、起落架空地、发动机停转等),自动将该航班的飞行数据通过无线通信网络发射传输到地面指定的接收服务器。由于整个数据下载过程能够在飞机落地后第一时间完成,且无须人工参与,因此避免了中间环节的数据丢失,显著提高了 WQAR 数据的有效性和及时性,使航空公司能更及时、有效地监控飞机各类参数,为安全飞行提供了更便捷的保障,也降低了维护成本。WQAR 工作过程如图 3 - 36 所示。

3.6　数据译码及回放

飞行记录器记录的数据经专用下载设备下载后,需译码,将 FDR 记录的原

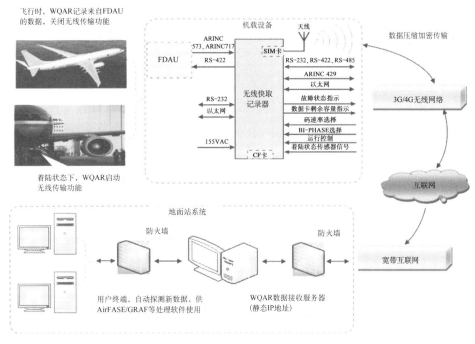

图 3 - 36 WQAR 工作过程

始飞行数据转换为直观的、具有确切意义的工程值数据[2];将 CVR 记录的原始声音和信息转化成直接可用的信息。进而利用数据回放分析软件对译码后的工程值数据回放显示,利用音频处理播放软件对译码后的音频信息回放辨听,从而分析驾驶员的操作情况、飞机实际飞行状况及所处环境以及机上系统工作情况。

当发生灾难性的飞行事故后,一般来说 FDR 都会受到不同程度的损伤,严重时还需要取出其 CSMU 内部安装存储器的印制电路板,连接相应专用下载设备,进行数据下载和译码。本节针对发生飞行事故后的 FDR,说明 FDR 数据译码过程、原理和方法,并对译码后的数据回放功能进行介绍。针对日常维修监控时 FDR 的数据译码,前文已对其数据下载过程进行了说明,此处就不再赘述。

3.6.1 数据译码

1）译码概述

数据译码是记录的逆过程。老式的箔带 FDR 以模拟方式将数据刻录在箔带上,当需要获取数据时,可通过光学显微镜直接读取。对于磁带 FDR,译码就是把磁带上记录的磁化信息恢复成数字信息,再对数字信息进行处理,还原为飞机实际的工程物理量。固态 FDR 的译码就是将记录在芯片中的二进制数据读入计算机中,再转换为工程物理量的形式。以下分别对磁带 FDR 和固态 FDR 的译码原理进行说明。

2）译码原理

（1）磁带 FDR 数据译码原理。对磁带 FDR 的数据进行机器译码时,首先将数据转录到计算机中。转录的方法是由计算机发出重放磁带数据的逻辑控制指令,当 FDR 处于重放工作状态时,计算机再发出磁道选择信号,选择需要重放信息的磁道号,使 FDR 处于重放某个磁道的工作方式。这时 FDR 中所选定磁道的磁头将磁带上的磁化信息读出,经过一对差分放大器放大,再传送到计算机的接口板,由接口板进行数据管理,以数据文件的格式存放在计算机内存中,这个过程称为数据转录。数据转录到计算机中后,再利用飞行数据处理软件,进一步根据飞行数据的帧格式译码成相应的工程数据形式,然后以数据列表、曲线或动画的形式提供给相关人员。

（2）固态 FDR 数据译码原理。固态 FDR 的译码同样也首先将记录器存储单元中存储的数据转录到计算机中。转录的过程实际上就是从固态 FDR 存储单元读取数据存入计算机的过程。将存储单元连入专用卸载设备,并将专用卸载设备与计算机相连,转录时计算机首先通过数据总线控制专用下载设备发出读数据指令,专用下载设备对地址总线上的地址进行译码后,根据相应的地址,从记录器存储单元中读取数据,然后通过数据总线发送给计算机,计算机存储该数据,即完成了记录器存储单元数据的转录,后续利用相应的数据译码分析软件进一步处理。

3) 译码方法

(1) 人工译码。人工译码主要针对破损非常严重的磁带 FDR。当修复磁带非常困难时,只能采用人工的方式直接读出少数较为完整的磁带上的二进制码数据,然后根据相关的换算公式,将数据转换成工程值。

图 3 - 37 中所示的磁带 FDR 受损过于严重,经分解发现记录器磁带断成140 余块,且皱褶严重。尤其是从最后记录点(坠地点)向前约 40 s,长度约68 cm 处的磁带,共断成 8 大块(2 cm 以上)和 12 小块,已经无法拼接上机判读,故只能采用人工方法进行判读。对该记录器,通过人工方法判读出了其中16 个参数的 17 s 数据。

图 3 - 37　因事故严重破损的磁带 FDR

(2) 机器译码。机器译码首先需将数据从记录介质中转录到计算机中,然后将转录所得的二进制数据转换成工程值数据,并以列表、曲线、动画等方式提供给相关飞行事故调查人员进行事故分析用。

a. 数据转录。磁带 FDR 和固态 FDR 的转录方法有所不同,具体转录过程如下。

磁带 FDR 转录方法:当磁带保存相对完好时,可以采用机器将数据转录到计算机中,进行译码分析。首先,对受损不太严重的磁带进行修补连接;其次,将修补平整的磁带重新缠绕到完好的带毂上并装入正常的记录器中;最后,利用相应的回放控制器,将记录器数据读取到计算机中做进一步的译码分析,如图 3-38 和图 3-39 所示。

图 3-38 磁带缠入带毂

图 3-39 将磁带 FDR 中的数据读取到计算机

固态 FDR 转录方法:对于固态 FDR,只能采用机器进行判读。首先,将 FDR 芯片的管脚焊接到相应的金手指连线上,如图 3-40 所示;其次,将金手指插头插到相应的专用下载设备的专用插槽中,并将专用下载设备连接到指定的计算机相应接口上;最后合上专用下载设备开关,即可对记录器数据进行转录。

b. 数据转换物理量。当完成数据转录工作后,便可以使用地面处理软件

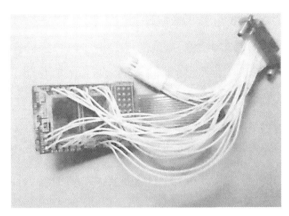

图 3-40　将 FDR 芯片的管脚焊接到相应的
　　　　　金手指连线上

对数据进行物理量的转换。通过转录设备读入计算机的飞行数据为二进制形式,这种形式不便于工程人员分析判读,需要将转录而得的二进制飞行数据转换为工程物理量的形式。

　　在转换之前,首先应弄清 FDR 所记录飞行数据的帧格式类型,以及与飞行数据译码相关的飞行数据的参数名称、位置信息、单位信息、分辨率、信号类型、数据类型、计算公式系数等内容。译码所得的飞行参数工程值表通常是以相应飞行数据帧格式的参数名为字段建立的表,所有译码后的参数的工程值均按照相应参数名存储于该表中,便于飞行数据应用软件使用。

　　在进行数据转换时,由于 FDR 中记录了不同类型的飞行数据,因此应针对不同类型的飞行数据采取不同的译码方法。在分析了大量飞行数据帧结构后发现,无论是哪种机型的数据帧结构,其记录的数据基本都可分为模拟量参数、数字量参数和离散量参数三种类型。为此,可以针对这三种类型的参数分别设计转换方法。

　　模拟量转换:飞行数据中模拟量参数数量比较少,一般只有 20 个左右,但是这些参数是反映飞机飞行状态的最重要的参数。这些参数的信号类型主要有以下几种:SYNCHRO(同步角)、LLDC(直流低电压)、HLDC(直流高电压)、VLLDC(直流甚低电压)、POT(电位计)、ACVR(交流电压比)和RESISTANCE(电阻)等。虽然模拟量的参数不多,但是其转换算法相对比较复杂,其中 LLDC、HLDC 和 VLLDC 信号的输入/输出(input/output,I/O)符合一次线性关系,而其他参数的工程值与信号值之间为非线性关系。通过总结各种机型飞行数据帧格式中模拟量转换特点发现,可以将模拟量参数的非线性I/O关系用三次非线性方程近似表示。因此,可以统一将所有模拟量信号的参数工程值用三次非线性方程计算,对于符合线性规律的参数,将其计算公式中的二次项、三次项系数设置为 0 即可。

数字量转换:数字量参数通常有 BCD 和 BNR 两种数据格式,采用 BCD 编码格式的数字量参数只有几个,绝大多数采用 BNR 格式。BCD 格式是指由 1~4 位二进制数代表一个十进制数,一般 4 位一组,例如十进制数 51 以 BCD方式编码为 01010001。BNR 格式直接把数据以二进制形式存放,参数分为有符号型和无符号型。对于无符号型参数,只需要将其按照一般的二进制值转换成十进制原码值再乘以其分辨率即可;对于有符号型参数,参数的二进制数据的最高位是其符号位,最高位为"0"代表该值为"正",最高位为"1"代表该值为"负",如同计算机中有符号数字的表示一样,例如对于 12 位有符号 BNR 二进制数据,011111111111 代表最大值,而 100000000000 代表最小值,译码算法也只需要按照这个规律转换成十进制原码值,然后再乘以其分辨率,即可得到参数的工程值。所以可以归结为如下的公式计算数字量参数的值。

$$工程值＝原码值×比例系数$$

离散量转换:离散量通常由字槽中的 1 位表示,离散量参数的转换比较简单,只要根据相应参数手册输入正确的记录位置即可。

3.6.2　数据回放

1)　数据回放方式

转换为工程值的飞行数据可以用报表、曲线及飞行再现等方式表示,以供便捷、直观地查看和使用。

（1）报表方式。如图 3-41 所示，通过报表方式回放数据，可以清晰地看到各个时刻、多种参数的具体数值，便于数据分析人员查阅特定时刻各参数的数值。

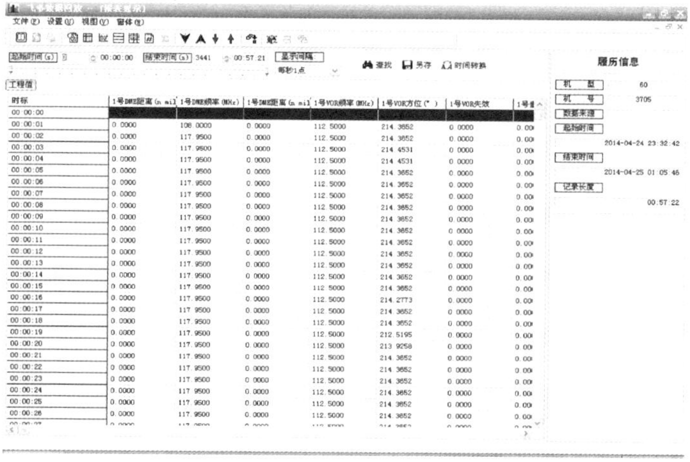

图 3-41　报表方式

（2）曲线方式。当需要了解参数的变化趋势时，采用报表方式效率较低，且不直观。为此，可采用绘制曲线的方式绘制出参数随时间的变化情况，如图 3-42 所示。通常曲线方式横坐标为流逝时间，纵坐标为所选择参数的值。通过曲线方式回放数据，可以清晰地看到不同时刻参数的变化趋势，便于观察不同参数的变化过程。

（3）飞行再现方式。对于飞机的航迹、姿态及操纵等数据信息，还可以结合计算机三维动画技术再现整个飞行过程，如图 3-43 所示。飞行再现方式一般包括以模拟驾驶舱显示方式再现飞机在空中的主要驾驶舱仪表显示、告警等情况；采用三维飞机模型，再现在指定时间段内的飞机姿态、航向、翼面和起落架状态等变化情况；以立体航迹和平面航迹两种显示方式再现飞机在指定时间段内在地图上的飞行姿态和运动轨迹。

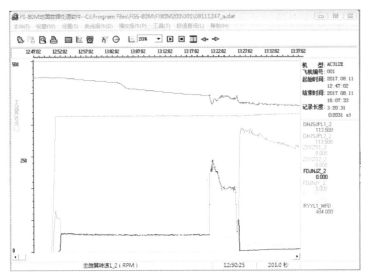

图 3-42 曲线方式

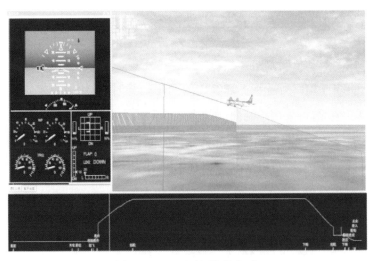

图 3-43 飞行再现方式

通过飞行再现方式,生动直观地再现了发生飞行事故前飞机的飞行过程,有利于帮助飞行事故调查人员对飞行事故发生的过程形成综合的印象,因而非常有助于飞行事故调查。

2）数据回放作用

随着现代航空技术的发展，航空器越来越复杂，飞行记录系统记录的信息也越来越多。深入挖掘数据信息，结合人工智能、大数据等技术，采用多种形式实现数据回放，将在飞机故障诊断、事故调查、飞行训练中发挥着越来越重要的作用。

故障诊断是对记录器的数据进行处理和回放，观察、分析飞机关键部件的状态参数信息，如发动机的转速、齿轮箱的金属屑、起落架的状态等，通过系统地分析这些参数，得到关键部件的健康状态检测报告，能够及时地发现飞机存在的故障，并准确排查故障，从而提高机务人员的维护效率。

事故调查是当机上出现事故时，通过对记录器的数据进行处理和回放，观察各个飞行参数的变化，分析音频、视频数据信息，可为确定事故发生的原因提供有效的证据。

训练指导是通过对每个架次记录器的数据进行处理和回放，观察分析飞行参数的变化，判断驾驶员操作的正确性，及时为驾驶员提供指导建议，从而快速提升驾驶员的操作技能。

4

典型的飞机和
直升机飞行记录系统

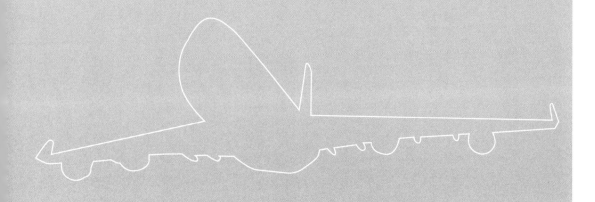

随着记录技术的进步以及飞行事故调查的客观需要,国内外民航组织机构以法规和条例的方式,明确了不同类型航空器飞行记录系统所需记录的参数、机上安装位置和使用要求。

本章详细介绍了有关法规和条例,并对典型飞机和直升机飞行记录系统装机情况进行了简要说明。

4.1 飞行记录器的分类

4.1.1 飞行记录器的划分

从所记录信息的类型来讲,飞行记录器划分为单一型记录器和组合型记录器。单一型记录器划分为四种类型,即 FDR、CVR、AIR、DLR。组合型记录器是指在一个机箱中综合了两种及两种以上类型信息的记录器,目前的组合式记录器可以在一个机箱中完成数据、音频、数据链和图像的记录。建议的飞行记录器组合阵列如表 4-1 所示。

表 4-1　建议的飞行记录器组合阵列[6]

操作规则要求				建议的构型		
CVR	FDR	DLR	AIR	1 个机箱	2 个机箱	3 个机箱
			√	AIR		
√				CVR		
√		√		CVR/DLR		
√			√	CVR/AIR	1CVR&1AIR	
√		√	√	CVR/DLR/AIR	1CVR/DLR& 1 AIR	
	√			FDR		
	√	√		FDR/DLR		

操作规则要求				建议的构型		
CVR	FDR	DLR	AIR	1 个机箱	2 个机箱	3 个机箱
	√		√	FDR/AIR	1FDR&1AIR	
	√	√	√	FDR/DLR/AIR	1FDR/DLR&1AIR	
√	√				2CVR/FDR 或 1CVR&1FDR 或 1CVR/FDR&1 FDR 或 1CVR/FDR&1CVR	
√	√	√			2CVR/FDR/DLR 或 1CVR/DLR& 1FDR/DLR 或 1CVR/DLR/ FDR&1FDR 或 1CVR/DLR/ FDR&1CVR 或 1CVR /DLR&1 FDR	
√	√		√		2CVR/FDR/AIR 或 1CVR&1FDR/ AIR 或 1CVR/ AIR&1FDR 或 1CVR/AIR& 1FDR/AIR	1CVR&1FDR &1AIR 或 2CVR/ FDR&1AIR 或 2CVR/ AIR&1FDR 或 1CVR&2FDR/AIR
√	√	√	√		2CVR/FDR/DLR/ AIR 或 1CVR/DLR/AIR 1FDR/DLR/AIR 或 1CVR/DLR/AIR 1 FDR/DLR /AIR 或 1CVR/ DLR/FDR 1FDR/DLR/AIR 或 1CVR/DLR/AIR 1CVR/DLR/FDR 或 1CVR/DLR/AIR 1FDR/DLR/AIR	1CVR/DLR 1FDR/DLR 1AIR 或 2CVR/DLR/FDR 1AIR 或 1CVR/DLR 2FDR/DLR/AIR

根据局方颁布的法规（如 CCAR - 91 部等），强制要求安装 FDR 和 CVR，

以记录飞行数据信息和驾驶舱话音信息,对 AIR 和 DLR 未提出强制安装要求。但是对于采用数据链通信并且要求安装 CVR 的飞机或直升机(CCAR -91 部第 91.509 节)要求记录数据链信息。ICAO 建议图像和数据链信息可记录在 CVR 和 FDR 中[1]。

4.1.2 记录器的类型

根据记录器性能,各单一记录器可进一步细分。ICAO 在其发布的 ICAO 附件 6 中对 FDR 和 AIR 进行了进一步划分,EUROCAE 在其发布的 ED - 112A 中对 FDR、CVR 和 AIR 进行了进一步划分。

1) FDR

根据记录参数的个数和类型以及记录时间的长短,ICAO 将 FDR 划分为以下几种类型[1],如表 4-2 所示。

表 4 - 2 FDR 的类型

序号	ICAO	ED - 112A	记 录 参 数	记录时间/h	备注
1	Ⅰ A 型	A 类	能记录 ICAO 附件 6 第Ⅰ部分表 A8 - 1 中至少 78 个适用于飞机的参数	25	一般飞机
2	Ⅰ 型	A 类	能记录 ICAO 附件 6 第Ⅰ部分表 A8 - 1 中至少前 32 个适用于飞机的参数	25	一般飞机
3	Ⅱ 型		能记录 ICAO 附件 6 第Ⅰ部分表 A8 - 1 中至少前 16 个适用于飞机的参数	25	一般飞机
4	Ⅱ A 型		能记录 ICAO 附件 6 第Ⅰ部分表 A8 - 1 中至少前 16 个适用于飞机的参数	25	一般飞机
5	Ⅳ A 型	B 类	能记录 ICAO 附件 6 第Ⅲ部分表 A5 - 1 中至少 48 个适用于直升机的参数	10	直升机

序号	ICAO	ED-112A	记 录 参 数	记录时间/h	备注
6	Ⅳ型	B类	能记录 ICAO 附件 6 第Ⅲ部分表 A5-1 中至少前 30 个适用于直升机的参数	10	直升机
7	Ⅴ型		能记录 ICAO 附件 6 第Ⅲ部分表 A5-1 中至少前 15 个适用于直升机的参数	10	直升机
8		D类	相当于 B 类记录器的弹射式记录器		
9		F类	相当于 A 类的弹射式记录器		

2）CVR

ICAO 没有对 CVR 分类。EUROCAE 出于在 ED-112A 中方便描述的目的，根据记录时间、通道数和是否与 FDR 分开或组合，将 CVR 划分为以下几类，如表 4-3 所示。

表 4-3　EUROCAE 对 CVR 类型的划分

序号	CVR 类型	记 录 信 息	记录时间	备注
1	1类	满足 ED-112A 规范的有关部分要求	2 h	
2	2类	满足 ED-112A 规范的有关部分要求	60 min	
3	3类	满足 ED-112A 规范的有关部分要求	30 min	
4	4类	满足 ED-112A 规范的有关部分要求	10 h	
5	5类	满足 ED-112A 规范的有关部分要求	15 h	
6	6类	满足 ED-112A 规范的有关部分要求	25 h	

3）AIR

根据所记录的图像的区域及记录的时间，ICAO 将 AIR 划分为三类，EUROCAE 将其划分为五类，如表 4-4 所示。

表 4 - 4 AIR 的类型[1]

序号	ICAO	EUROCAE	图像记录系统用途	记录时间	备注
1	A 级	A	能拍摄到驾驶舱整个区域,以便为传统的飞行记录器提供补充数据	与所安装的 CVR 相同	为尊重机组隐私,驾驶舱区域的取景应该尽可能设计成拍摄不到在其正常操纵位置上就座的机组成员的头部和肩部
2	B 级	B	能拍摄到数据链电文显示器	与所安装的 CVR 相同	
3	C 级	C	能拍摄到仪表和操纵面板	与所安装的 CVR 相同	如果在 FDR 上记录飞行数据不切实无法实现或费用昂贵,或未要求有 FDR,则 C 级 AIR 可认为是记录飞行数据的一种方式
4	—	D	要求采集平视显示器上的显示信息	与所安装的 CVR 相同	
5	—	E	要求采集除上述信息外的供机务人员观看的摄像头视频信息	与所安装的 CVR 相同	例如采集货舱或客舱图像,如同驾驶舱图像信号源可以选择一样,图像可以直接来自呈现给机务人员的图像,也可以是通过摄像头采集到的间接图像信息

4) DLR

ICAO 和 EUROCAE 未对 DLR 进行划分。

4.2 安装和使用要求

4.2.1 适航规章对记录器的安装要求

显然,用于地面事故调查和飞行事故原因分析的数据信息必须足够,同时也必须保证其准确性,为此适航当局在适航规章中明确了记录器的安装要求,以避免由于不规范的安装带来的不利影响。

CAAC对记录器的安装要求具体如表4-5所示。

表4-5　CAAC规章对记录器的安装要求

序号	规章名称	章节号	主要内容	备注
1	CCAR-91《一般运行和飞行规则》	第91.509条飞行记录器	基于起飞重量,明确了需安装的FDR和CVR的类型,以及应记录的数据链信息的要求	
2	CCAR-25《运输类飞机适航标准》	第25.1459条飞行记录器	基于功能和性能,明确了运输类飞机对安装FDR的要求	
3	CCAR-25《运输类飞机适航标准》	第25.1457条驾驶舱录音机	基于功能和性能,明确了运输类飞机对安装CVR的要求	(a)(6)条增加记录数据链信息的要求
4	CCAR-121《大型飞机公共航空运输承运人运行合格审定规则》	第121.343条飞行数据记录器	从运营角度出发,明确了FDR的安装和使用要求	
5	CCAR-121《大型飞机公共航空运输承运人运行合格审定规则》	第121.352条快速存取记录器或等效设备	明确了QAR或等效设备的安装要求,以及制定飞行品质监控程序的要求	
6	CCAR-121《大型飞机公共航空运输承运人运行合格审定规则》	第121.359条驾驶舱话音记录器	从营运角度出发,明确了CVR的安装和使用要求	
7	CCAR-23《正常类、实用类、特技类和通勤类飞机适航规定》	第23.1459条飞行记录器	基于功能和性能,明确了正常类、实用类、特技类和通勤类飞机对安装FDR的要求	
8	CCAR-23《正常类、实用类、特技类和通勤类飞机适航规定》	第23.1457条驾驶舱录音机	基于功能和性能,明确了正常类、实用类、特技类和通勤类飞机对安装CVR的要求	

(续表)

序号	规章名称	章节号	主要内容	备注
9	CCAR-27《正常类旋翼航空器适航规定》	第27.1459条飞行记录器	基于功能和性能,明确了正常类旋翼航空器对安装FDR的要求	
10	CCAR-27《正常类旋翼航空器适航规定》	第27.1457条驾驶舱录音机	基于功能和性能,明确了正常类旋翼航空器对安装CVR的要求	

4.2.2　记录器的选择

1) 记录介质的选择

CAAC 明确了对记录介质的使用要求,如 CCAR-91 部的第 91.509 条飞行记录器(a)(1)要求中明确规定:

(i) 不得安装、使用金属箔划痕飞行数据记录器和胶片飞行数据记录器;

(ii) 除经局方批准外,不得安装、使用采用调频技术的模拟飞行数据记录器。

2) 记录器类型的选择

对于不同的飞机(或直升机),其配装的记录器的要求是不一样的。按照飞机(或直升机)的起飞重量及投入运营时间的不同,要求配装不同类型的记录器。

CCAR-91 对飞机安装飞行记录器类型的详细要求如表 4-6 所示。

表 4-6　飞机安装飞行记录器类型的详细要求

序号	飞机	要求	记录时间	备注
1	1989 年 1 月 1 日后首次颁发适航证,最大审定起飞重量超过 27 000 千克的飞机	应安装满足 CCAR-91 附录 E 规范的 I 型飞行数据记录器	25 h	同时明确了采集记录参数的要求
2	1989 年 1 月 1 日后所有最大审定起飞重量超过 5 700 千克但不超过 27 000 千克的飞机	应安装满足 CCAR-91 附录 E 规范的 II 型飞行数据记录器	25 h	同时明确了采集记录参数的要求

序号	飞机	要求	记录时间	备注
3	2005 年 1 月 1 日后首次颁发航证,最大审定起飞重量超过 5 700 千克的飞机	应安装满足 CCAR - 91 附录 E 规范的 I A 型飞行数据记录器	25 h	同时明确了采集记录参数的要求
4	1987 年 1 月 1 日后首次颁发适航证,最大审定起飞重量超过 5 700 千克的飞机	应安装型号合格审定要求的驾驶舱话音记录器	30 min	CVR 没有划分类别
5	2003 年 1 月 1 日后首次颁发适航证,最大审定起飞重量超过 5 700 千克的飞机	应安装型号合格审定要求的驾驶舱话音记录器	2 h	
6	2005 年 1 月 1 日后首次颁发适航证的飞机	应在飞行记录器上记录所有发送和接收的数据链通信	2 h	
7	自 2007 年 1 月 1 日起,所有的飞机	应在飞行记录器上记录所有发送和接收的数据链通信	2 h	

注:ICAO 已建议将 CVR 的记录时间延长到 25 h。

CCAR - 91 对直升机安装飞行记录器类型的详细要求如表 4 - 7 所示。

表 4 - 7　直升机安装飞行记录器类型的详细要求

序号	直升机	要求	记录时间	备注
1	1989 年 1 月 1 日后首次颁发适航证,最大审定起飞重量超过 7 000 千克的直升机	应安装满足 CCAR - 91 附录 F 规范的 IV 型飞行数据记录器	10 h	同时明确了采集记录参数的要求
2	1989 年 1 月 1 日后所有最大审定起飞重量超过 2 700 千克但不超过 7 000 千克的直升机	应安装满足 CCAR - 91 附录 F 规范的 V 型飞行数据记录器	10 h	同时明确了采集记录参数的要求
3	2005 年 1 月 1 日后首次颁发适航证,最大审定起飞重量超过 3 180 千克的直升机	应安装满足 CCAR - 91 附录 F 规范的 IV A 型飞行数据记录器	10 h	同时明确了采集记录参数的要求

（续表）

序号	直升机	要求	记录时间	备注
4	1987 年 1 月 1 日后首次颁发适航证，最大审定起飞重量超过 3 180 千克的直升机	应安装型号合格审定要求的驾驶舱话音记录器	30 min	
5	2003 年 1 月 1 日后首次颁发适航证，最大审定起飞重量超过 3 180 千克的直升机	应安装型号合格审定要求的驾驶舱话音记录器	2 h	
6	2005 年 1 月 1 日后首次颁发适航证的直升机	应在飞行记录器上记录所有发送和接收的数据链通信	2 h	
7	自 2007 年 1 月 1 日起，所有的直升机	应在飞行记录器上记录所有发送和接收的数据链通信	2 h	

注：对于安装了经批准的驾驶舱话音记录器，但没有安装飞行数据记录器的直升机，应至少在驾驶舱话音记录器的一个通道上记录主旋翼转速。

4.2.3　采集记录参数要求

在明确不同的飞机、直升机配装的记录器类型时，同时也明确了对采集记录参数的要求，具体如表 4-6 和表 4-7 所示。为方便读者，将 CCAR-91 部的附录 E《飞机飞行数据记录规范》和附录 F《直升机飞行数据记录器规范》引录为本章的附录。

4.2.4　使用要求

CAAC 在 CCAR-91 部、CCAR-135 部规章中明确了飞行记录系统的使用要求，具体如下。

第 91.509 条飞行记录器

（b）运营人必须对飞行记录器进行可用性操作检查；评估来自飞行记录器系统的记录信息，以确保飞行记录器的可靠性和持续可用性。

（c）经局方批准，运营人可以实施下述运行：

（1）飞行数据记录器或驾驶舱话音记录器不工作时，调机飞行到可以进行修理或更换的地点；

（2）如果在起飞后飞行数据记录器或驾驶舱话音记录器变得不能工作，按原计划继续飞行到目的地；

（3）为测试飞行数据记录器或驾驶舱话音记录器，或安装在飞机上的任何通讯或电子设备，关闭飞行数据记录器或驾驶舱话音记录器所进行的适航性试飞；

（4）将新获得的航空器从获得地调机飞行到可进行飞行数据记录器和驾驶舱话音记录器安装工作的地点；

（5）飞行数据记录器或驾驶舱话音记录器失效和拆下修理的航空器可以进行不超过 15 天的非商用取酬飞行，但在航空器维修记录中记录有失效的日期，并在驾驶员的视野内放置一块标牌表明飞行数据记录器或驾驶舱话音记录器是不能工作的。

（d）一旦发生事故或需要立即报告局方的事件，运营人应当保存飞行记录器的原始信息至少 60 天，如果局方另有要求，还应当保存更长的时间。从记录中所获得的信息将用来帮助确定事故或事件的发生原因。

4.2.5　对 QAR 和 WQAR 的安装使用要求

在 CCAR - 121 部中对于 QAR 和 WQAR 的安装使用提出了明确的要求，具体如下。

121.352 条快速存取记录器或等效设备

（a）合格证持有人应当对所有运行的飞机安装一个经局方批准的快速存取记录器（QAR）或等效设备，并制定飞行品质监控程序，作为其安全管理体系的组成部分。

（b）合格证持有人可与另一方签订合同，由其负责飞行品质监控具体工作，但本条（a）要求的符合性责任则由合格证持有人负责。

（c）合格证持有人应当定期向负责合格证管理的地区管理局职能部门报告其通过飞行品质监控得到的统计数据和趋势分析报告，局方认为必要时可随时查阅或分析快速存取记录器（QAR）或等效设备的原始数据。

（d）飞行品质监控程序应是无惩罚性的，该程序应包含保护数据的妥当措施。

4.3 国内运营飞机和直升机配装 FDRS 的情况

按照规章的要求，起飞重量不小于 5 700 kg 的飞机或 2 700 kg 的直升机必须安装 FDR 和 CVR。而在此以下的轻小型飞机没有强制要求，可根据用户的意愿选择安装。

目前国内运营的飞机 FDRS 的配装情况如表 4-8 所示。

表 4-8 目前国内运营的飞机和直升机配装 FDRS 的情况

飞机和直升机型号	制造商	配套的记录器系统架构
客机		
波音 737 MAX8	波音公司	独立的 FDRS 独立的 CVRS
波音 737-300/400/ 700/800/900	波音公司	独立的 FDRS 独立的 CVRS
波音 747-200	波音公司	独立的 FDRS 独立的 CVRS
波音 747-400	波音公司	独立的 FDRS 独立的 CVRS
波音 747-800	波音公司	独立的 FDRS 独立的 CVRS
波音 757-200	波音公司	独立的 FDRS 独立的 CVRS

飞机和直升机型号	制造商	配套的记录器系统架构
波音 767 - 300	波音公司	独立的 FDRS 独立的 CVRS
波音 777 - 200/300	波音公司	独立的 FDRS 独立的 CVRS
波音 777F	波音公司	独立的 FDRS 独立的 CVRS
波音 787 - 8/9	波音公司	采用双 EAFR 架构
A300 - 600	空客公司	独立的 FDRS 独立的 CVRS
A318	空客公司	独立的 FDRS 独立的 CVRS
A319	空客公司	独立的 FDRS 独立的 CVRS
A320	空客公司	独立的 FDRS 独立的 CVRS
A321	空客公司	独立的 FDRS 独立的 CVRS
A330 - 200/300	空客公司	独立的 FDRS 独立的 CVRS
A340 - 300/600	空客公司	独立的 FDRS 独立的 CVRS
A350 - 900	空客公司	独立的 FDRS 独立的 CVRS 或组合式 CVFDR
A380 - 800	空客公司	独立的 FDRS 独立的 CVRS
An - 12(Y8F - 100)	安东诺夫	独立的 FDRS 独立的 CVRS
ERJ - 190	巴航工业	组合式记录器
ERJ - 195	巴航工业	组合式记录器
ERJ190 - E2	巴航工业	组合式记录器

（续表）

飞机和直升机型号	制造商	配套的记录器系统架构
ARJ21 - 700	中国商飞	独立的 FDRS 独立的 CVRS
C919	中国商飞	采用双 EAFR 架构
MA60	西飞公司	独立的 FDRS 独立的 CVRS
MA600	西飞公司	独立的 FDRS 独立的 CVRS
MA700	西飞公司	采用双组合式记录器 CVFDR 架构
直升机		
S - 92	西科斯基	采用双组合式记录器 CVFDR 架构
AC312	哈飞	独立的 FDRS 独立的 CVRS
AC313	昌飞	采用双组合式记录器 CVFDR 架构

注:CVFDR 为飞行数据及驾驶舱话音组合式记录器。

目前,飞行记录器的制造商有美国的 L3、Honeywell 和 GE 公司等,英国的 Penny & Giles 公司,俄罗斯的测量者公司,中国的陕西千山航空电子有限责任公司等,FDAU 的制造商主要是美国的 Teledyne 公司。民用飞机主要飞行记录系统和飞行记录器型号及制造商如表 4 - 9 所示。

表 4 - 9　民用飞机主要飞行记录系统和飞行记录器型号及制造商

制造商	类型	型号	特　　点
L3	FDR	FA2100 - 2042 - XX FA2100 - 2043 - XX FA2100 - 2044 - XX FA2100 - 2045 - XXFA2100 - 4042 - XX FA2100 - 4043 - XX FA2100 - 4044 - XX FA2100 - 4045 - XX	1/2ATR 短,64、128 WPS[①] 1/2ATR 短,64、128、256 WPS 1/2ATR 短,64、128、256、512WPS 1/2ATR 短, 64、128、256、512、1024WPS 1/2ATR 长,64、128 WPS 256 WPS ARINC573、ARINC 717 512 WPS ARINC573、ARINC 717 1024 WPS ARINC573、ARINC 717

① WPS:即前文中的"字/秒"。

制造商	类型	型号	特　　点
L3	CVR	FA2100 - 1010 - XX FA2100 - 1020 - XX FA2100 - 1025 - XX FA2100 - 1026 - XX FA2100 - 1027 - XX FA2100 - 1220 - XX FA2100 - 1225 - XX FA2100 - 1226 - XX FA2100 - 1227 - XX FA2100 - 1228 - XX FA2100 - 1925 - XX	30 min，ARINC 757 2 h 2 h 音频和数据链 含 RIPS 含 RIPS 90 天的水下定位信标（underwater locator beacon，ULB） 含 RIPS、90 天的 ULB 含 RIPS、90 天的 ULB 含 RIPS、90 天的 ULB 含 RIPS、90 天的 ULB 90 天的 ULB
L3	CVDR	FA2100 - 3073 - XX FA2100 - 3083 - XX	30 min 音频和 25 h 飞行数据 2 h 音频和 25 h 飞行数据
L3	CVDR	FA2500	固态驾驶舱话音和数据记录器 2 h 音频和 25 h 飞行数据
L3	CVDR	FA5000 FA5001 FA5003	FDR：50 h（2 048 WPS） CVR：2 h DLR：2 h
L3	CVDR	FA5100	固态驾驶舱话音和数据记录器 2 h 音频和 25 h 飞行数据
L3	LDR	LDR1000	轻型数据记录器
L3	QAR		微型 QAR
L3	TAA		三轴向加速度计
L3		S058	ED - 112 符合性驾驶舱区域麦克风
Honeywell	FDR	980 - 4700 - XXXX 980 - 4710 - XXXX 980 - 4750 - XXXX	
Honeywell	CVR	980 - 6005 - XXXX 980 - 6020 - XXXX 980 - 6022 - XXXX 980 - 6032 - 0001	30 min 磁带式记录器 30 min 2 h 2 h 音频和数据

（续表）

制造商	类型	型号	特　　点
Honeywell	CVDR	980 - 6023 - XX 980 - 6025 - XX 980 - 6026 - XX	FDR：25 h CVR：2 h DLR：2 h
Teledyne	FDAU	2233000 - XX	ARINC 717
GE	EAFR		ARINC 767 飞行数据：25 h 驾驶舱话音数据：2 h/通道 数据链数据：25 h
Universal	FDR	1600 系列	
Universal	CVR	1600 系类	
Universal	CVDR	1600 系列	
Fairchild Semiconductor	CVDR	VFDRS - F1000	综合飞行数据记录系统 飞行数据：25 h 音频数据：2 h/通道 图像数据：2 h ED - 112
Fairchild Semiconductor	LDR	MFDR - 1	微型飞行数据记录系统 飞行数据：25 h 音频数据：2 h/通道 图像数据：2 h ED - 155
Allied Signal	FDR	980 - 4100 - XXXX	磁带式
Lockheed	FDR	LAS209	磁带式
Penny & Giles	FDR	MPFR EMPER（1603 - XX - XX/1605 - XX - XX）	
航空工业千山电子	FDAU	FA - 30H FA - 80F FA - 80M	ARINC 573、ARINC 717（64、128、256、512 WPS）

制造商	类型	型号	特　　点
航空工业千山电子	FDR	FB - 30C FB - 30H FB - 30L FB - 80M	ARINC 573、ARINC 717（64、128 WPS） ARINC 573、ARINC 717（64、128、256、512 WPS） ARINC 573、ARINC 717（64、128、256、512 WPS） ARINC 573、ARINC 717（64、128、256、512 WPS）
航空工业千山电子	CVR	FJ - 40A FB - 39	30 min，ARINC 757 2 h，ARINC 757
航空工业千山电子	CVDR	FB - 52 FB - 80F	25 h，ARINC 573、ARINC 717（64、128、256、512 WPS） 2 h，ARINC 757
航空工业千山电子	QAR	FBQ - 5 FBQ - 8 FBQ - 80M	50 h，ARINC 573、ARINC 717（64、128、256、512 WPS）
航空工业千山电子	WQAR	WKJ - 1	ARINC 573、ARINC 717（64、128、256、512 WPS）着陆后自动传输、支持断点续传、3G 网络
航空工业千山电子	LDR	FJ - 90A FJ - 90B	25 h，ARINC 573、ARINC 717（64、128、256、512 WPS） 2 h，ARINC 757
航空工业千山电子	EAFR	D/XFJ - 16	ARINC 767 飞行数据：25 h 驾驶舱话音数据：2 h/通道 数据链数据：25 h
航空工业千山电子	ADFR	XFJ - 45A	飞行数据：25 h 驾驶舱话音数据：2 h/通道 数据链数据：25 h 无线电定位 卫星定位 含 90 天 ULB
航空工业千山电子	TAA	CGA - 1	

(续表)

制造商	类型	型号	特　点
航空工业千山电子	AGS	DZ - XX	地面数据处理站
航空工业千山电子	AGS	FPA - 1	安全品质监控软件

4.4　A320 飞机飞行记录系统

A320 飞机是空客公司研制的民用运输机,于 1988 年投入商业运营。该机开创了商用飞机电传飞行操纵系统的先河,极大地推动了驾驶舱先进技术的发展。目前,A320 系列飞机仍然保持着在单通道飞机中的技术领先地位,其系列机型包括 A318、A319、A320 和 A321 等。自投入运营以来,A320 飞机在航空电子设备上经历了一系列的升级改进,驾驶舱采用了先进的显示系统、导航、通信、自动驾驶系统以及电子计算机设备。该机型的系统可靠性程度大大提高,同时采用了通用性设计,使得空客飞机转型后驾驶员的培训成本、飞机使用成本和维修成本大大降低。

A320 飞机的飞行记录系统采用独立的 FDRS 和独立的 CVRS 话音记录系统,未使用 AIRS 和 DLRS,架构如图 4 - 1 所示。

图 4 - 1　A320 系列飞机飞行记录系统

4.4.1 概述

FDRS 实现飞行数据的采集和记录功能,系统由以下几部分组成,如图 4 - 2 所示。

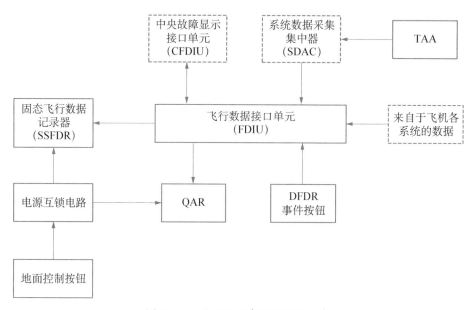

图 4 - 2 A320 飞机 FDRS 组成

(1) 飞行数据接口单元(flight data interface unit,FDIU)。

(2) 固态飞行数据记录器(solid state flight data recorder,SSFDR)。

(3) QAR。

(4) TAA。

(5) DFDR 事件按钮。

(6) 地面控制按钮(地面测试时使用)。

FDIU 采集来自飞机各系统的模拟信号、离散信号和数字信号,并将其处理成数字数据(数字化),以符合 ARINC 573 和 ARINC 717 要求的帧结构并进行编辑(格式化),以双相哈佛码格式发送给 SSFDR、以双极归零码格式发送给 QAR 进行记录。所采集的参数满足强制参数的要求,同时采集部分用于维护的参数。

FDIU 与机上的中央故障显示接口单元(centralized fault display interface unit，CFDIU)进行交联。FDRS 具有自测试功能，FDRS 将自测试的结果数据发送给 CFDIU，CFDIU 将该自测试信息显示在多功能控制和显示单元 MCDU (multifunction control and display unit，MCDU)上，并可将该自测试信息发送到机载打印机上。此外 CFDIU 还可以与飞机通信寻址和报告系统(aircraft communications addressing and reporting system，ACARS)管理单元连接，向地面站和机上打印机发送故障信息，从而可在飞机着陆前完成故障分析和部件诊断。此外，飞机在降落后可向地面站发送航后报告，通过地面专用的软件工具(飞机维修分析、AIRMAN)还能识别和管理飞机计划外的维修。FDIU 安装在后部的航空电子设备架上。

SSFDR 接收来自 FDIU 的双相哈佛码格式的数据，并将其存储在固态存储器中。固态存储器安装在防护组件中，具有抗强冲击和耐火烧等防护能力。SSFDR 的记录时间不小于 25 h，并保留至少最后 25 h 的飞行数据。SSFDR 安装在飞机机身后部的非增压舱内。

QAR 是一个选装设备。QAR 记录与 SSFDR 相同的参数，采取与 SSFDR 相同的供电方式。QAR 可采用磁带或光盘作为存储介质，如果采用光盘，则 QAR 被称为光盘 QAR(optical QAR，OQAR)。QAR 用于地面维护或状态监视工作，安装在后部的航空电子设备架上。

TAA 安装在靠近飞机重心的位置。TAA 探测飞机垂直轴向、纵向轴向和横向轴向等三个轴向的加速度信号，转换成模拟量输出。

TAA 的输出发送给系统数据采集集中器(system data acquisition concentrator，SDAC)，SDAC 接收来自 TAA 的模拟信号，并将其转换成数字信号，通过 ARINC 429 总线发送给 FDIU。

SDAC 不属于 FDRS，它接收来自飞机各系统的各种信号，并将其发送给飞行警告计算机(flight warning computer，FWC)和显示管理计算机

（display management computer，DMC）。SDAC 采集显示系统使用的大量信号，同时采集 FWC 使用的、用于产生黄色告警的信号。飞机上安装有多个 SDAC。

DFDR 事件按钮可在 SSFDR 的存储器中建立一个事件标记，该事件标记用于在处理地面数据时快速定位事件时刻，方便查询事件时刻的相关飞行数据。事件信号作为离散信号（开关信号）采集和记录，当驾驶员按下事件按钮时，离散信号状态发生变化，松开后恢复到原状态。若以未按下时标记为"1"，则按下时标记为"0"，松开后又恢复到"1"。数据处理时查询"0"便可定位到事件时刻。该按钮安装在驾驶舱的中央底座上，方便驾驶员操作。

从首台发动机启动工作到最后一台发动机关闭 5 min 后，SSFDR 自动上电工作。当飞机在地面上时，为完成在发动机启动之前的飞行前检查或地面测试和维护工作，地面控制按钮 GND CTL 可通过电源互锁电路给 SSFDR 上电工作。该按钮安装在头顶面板上。

A320 飞机 FDRS 原理如图 4 - 3 所示。

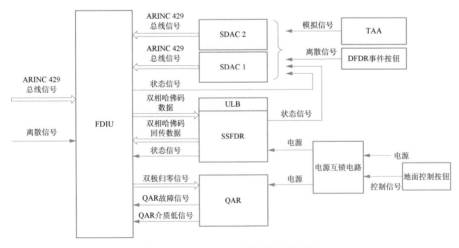

图 4 - 3　A320 飞机 FDRS 原理

4.4.2 飞行数据接口单元

1）概述

FDIU 接收来自飞机各系统和传感器的离散信号和数字信号，并将其处理成数字数据，其外形如图 4-4 所示。

图 4-4　FDIU 外形

FDIU 具有以下功能：

（1）转换。FDIU 将输入参数转换为记录器可记录的格式。

a. 双相哈佛码格式，符合 ARINC 573 和 ARINC 717 的要求，用于 SSFDR。

b. 双极归零码格式，符合 ARINC 573 和 ARINC 717 的要求，用于 QAR。

（2）比较。FDIU 将发送给 SSFDR 的数据和通过重放总线传送回来的已记录的数据进行比较。

（3）检查机内测试设备（built-in test equipment，BITE）。FDIU 的内部设置有 BITE，对 FDIU 进行自测试。在飞行过程中，FDIU 检查强制参数的完整性。航后发动机关闭，只能检查 TAA 信号。

2）对安全性的影响

在飞机上只安装了 1 台 FDAU，FDAU 在故障时不影响飞行的安全性。

3）FDIU 接口

FDIU 接口如图 4-5 所示，具有以下接口：ARINC 429 输入、ARINC 429

输出、离散信号输入、离散信号输出、双相哈佛码输出、双相哈佛码输入、双极归
零码输出。

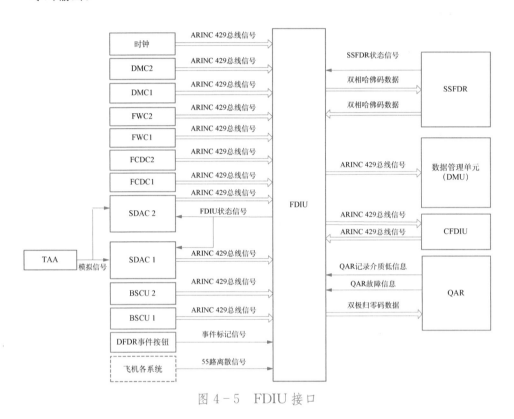

图 4-5　FDIU 接口

（1）ARINC 429 输入接口。

FDIU 通过 ARINC 429 总线接口接收大多数的信息。FDIU 接收 12 路
ARINC 429 总线数据，同时预留了 4 路。

在 FDRS 中，TAA 输出的模拟信号先发送给 SDAC，SDAC 将其转换成数
字信号后再通过 ARINC 429 总线发送给 FDIU。

（2）ARINC 429 输出接口。

FDIU 有 2 路 ARINC 429 输出总线，一路输出给 CFDIU，用于 BITE 信息
和测试工作；另一路输出给数据管理单元（data management unit，DMU），用
于 AIDS 记录强制参数。

（3）离散信号输入接口。

FDIU 具有 55 路离散信号输入接口，用于接收飞机各系统的离散信号。另外还有 4 路输入，分别接收 SSFDR 状态信息、事件标识信息、QAR 故障信息和 QAR 介质低信息。

（4）离散信号输出接口。

FDIU 有 1 路离散信号输出，为 FDIU 故障信号，输出给 SDAC，最终用于在飞机电子式中央监视器（electronic centralized monitor，ECAM）上显示该 FDIU 故障信息。为了在 ECAM 上显示 DFDR 故障信息，SSFDR 状态信号由 SSFDR 直接发送到 SDAC。

（5）双相哈佛码输出接口。

FDIU 以双相哈佛码格式将数据发送给 SSFDR，用于记录。

（6）双相哈佛码输入接口。

SSFDR 将接收并记录的数据以双相哈佛码的格式反馈给 FDIU。FDIU 接收来自 SSFDR 的反馈数据，并完成对数据的完整性核对。

（7）双极归零码输出接口。

FDIU 通过该接口以双极归零码格式将数据发送给 QAR，用于记录。该接口的编码及电气特性符合 ARINC 573 和 ARINC 717 的要求。

4.4.3 固态飞行数据记录器

1）概述

SSFDR 外形如图 4-6 所示，它接收来自 FDIU 的串行数据，并存储在 CMSU 中，存储时间不少于 25 h，并保留最后 25 h 的飞行数据，所记录的数据按帧的格式存放。帧结构符合 ARINC 573 和 ARINC 717 的要求，每 1 帧由 4 个副帧组成，每秒生成 1 个副帧，即在每秒中包括了要求记录的所有参数。

在 SSFDR 内部设置了 BITE 功能，SSFDR 的状态信息通过 FDIU 发送到

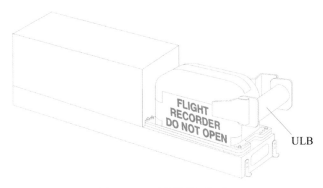

ULB

图 4 - 6　SSFDR 外形

CFDIU,同时通过 SDAC 发送到 ECAM。

SSFDR 的供电通过电源互锁电路控制。SSFDR 的前部面板上安装有ULB。当飞机不幸遇到事故并落水时,ULB 可用于水中定位。ULB 内部设置有电池,该电池在淡水和海水中均可被激活。

2）对安全性的影响

在飞机上只安装了 1 台 SSFDR,SSFDR 在故障时不影响飞行的安全性。

3）SSFDR 接口

SSFDR 接口如图 4 - 7 所示,具有以下接口:双相哈佛码输入、双相哈佛码输出、ARINC 429 输入、ARINC 429 输出、离散信号输出。

（1）双相哈佛码输入。

用于接收来自 FDIU 的飞行数据,所接收的飞行数据记录在存储器中。该接口可适用于 64、128、256 字/秒等几种速率,接口特性符合 ARINC 573 和ARINC 717 的要求。

（2）双相哈佛码输出。

SSFDR 将接收到的双相哈佛码数据正确记录在存储器中,同时将该数据再以双相哈佛码的格式输出给 FDIU。

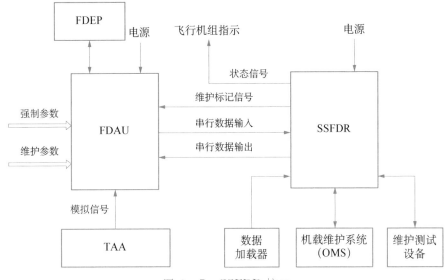

图 4-7 SSFDR 接口

（3）ARINC 429 输入。

扩展功能可用于与机载维护系统（onboard maintenance system，OMS）的信息交互。

（4）ARINC 429 输出。

SSFDR 具有 ARINC 429 总线输出接口，用于输出自测试信息。扩展功能可将维护数据发送给 OMS。

（5）离散信号输出。

SSFDR 具有离散信号输出接口，用于输出状态信息和自测试信息。状态输出（STATUS OUTPUT）输出给 FDEP/控制面板；自测试信息（DFDR BITE）输出给远程数据接口单元（remote data interface unit，RDIU）。

4.4.4 快速记录器

QAR 接收来自 FDIU 的双极归零码数据，并存储在存储介质上。QAR 存储记录的数据与 SSFDR 相同，用于地面维护、状态监控等工作。QAR 也按帧的格式存储数据,其帧结构与 SSFDR 相同。QAR 具有 BITE 功能,BITE 的结果以 QAR 状态信号(QAR 介质低和 QAR 故障)形式输出,一路发送到内部的状态逻辑电路,最终显示在 QAR 前面板的指示灯上,另一路通过 FDIU 发送到 CFDIU。QAR 通过电源互锁电路控制其通电,外形如图 4-8 所示。

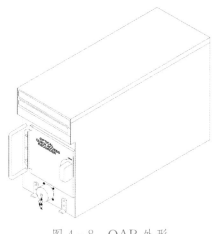

图 4-8　QAR 外形

QAR 有两种存储介质,一种是盒式磁带,可记录 50 h 的数据;另一种是光盘。

OQAR 的前面板上有一个舱门,用于光盘的存取控制。在舱门上设置了以下指示:

(1) 一个 16 位的字符显示器,用于显示各种菜单和信息。

(2) 一个故障灯,用于指示 OQAR 故障。

(3) 一个连接器,安装在舱门的下方,用于产品测试。

4.4.5　三轴加速度计

TAA 用于探测飞机三个轴向的加速度信号。其测量范围如下。

(1) 垂直轴向(z):-3~$+6\,g$。

（2）纵向轴向(x)：$-1\sim+1\,g$。

（3）横向轴向(y)：$-1\sim+1\,g$。

TAA 的输出为模拟信号，输出的信号发送到 SDAC，SDAC 将其转换为数字信号，通过 ARINC 429 总线发送到 FDIU。TAA 的外形如图 4-9 所示。

TAA 安装在机身的中央位置，在机舱地板的下面并且靠近飞机重心的位置。

图 4-9　TAA 外形

4.5　A350 飞机飞行记录系统

4.5.1　概述

A350 是空客公司研制的民用客机，于 2014 年 12 月投入商业运营。A350 是双发远程宽体客机，A350XWB 系列飞机包括 A350-800、A350-900 和 A350-1000。

A350 飞机采用综合航空电子系统，以基于 ARINC 664 的 AFDX 总线作为航空电子总线，极大地提升了航空电子系统的性能。航空电子系统所使用的原始数据信息由分布于飞机各处的 RDC 提供。RDC 是传感器与航空电子核心处理机之间的通路，RDC 采集来自飞机传感器和其他机载设备的信息，转换为数字数据后上传到航空电子总线上。

针对综合航空电子系统，飞行数据记录器有两种选择：一是选用 ARINC 717 规范的 FDR；二是选用 ARINC 767 规范的 EAFR。为了提高与其他机队之间的设备兼容性和节省成本，空客公司选用了 ARINC 717 规范的 FDR。其做法为在飞机上安装一套中央数据采集单元（centralized data acquisition unit，CDAU），将 AFDX 总线及其他 ARINC 429 总线的数据整合，并转换为

ARINC 717 规范格式的数据发送给飞行记录系统,该设计有别于波音 787 飞机。

A350 系列飞机的飞行记录系统架构如图 4-10 所示。

图 4-10　A350 飞机飞行记录系统架构

FDRS 通过采集设备采集飞行数据,并记录在 DFDR 和虚拟快速存取记录器(Virtual QAR,VQAR)中。所采集、记录的数据包括了强制要求的参数和部分维护参数。

DFDR 可记录至少 25 h 的飞行数据,储存格式为符合 ARINC 717 规范的 1 024 字/秒(1 024 WPS)的双相哈佛码数据,记录参数约 3 400 个。

与 FDRS 类似,A350 也选用独立的 CVRS,可记录 4 个通道、各 2 h 的音频信息。CVRS 采集、记录的信息包括来自驾驶舱与地面基站或飞机间的语音通信信息、机组成员的语音通信信息、各种告警音信息、驾驶舱环境音信息、数据链通信信息。

4.5.2　飞行数据记录系统

1) FDRS 组成

A350 的 FDRS 由一台 FDIU、一台 DFDR、一台 QAR、一只 TAA、一个 DFDR 事件按钮和一个供地面机务维护时手动使用的启动/停止记录按钮组成。FDRS 的架构如图 4-11 所示。

2) FDRS 的工作原理

FDIU 采集来自飞机各系统的参数和数据以及 TAA 的参数,并以 ARINC

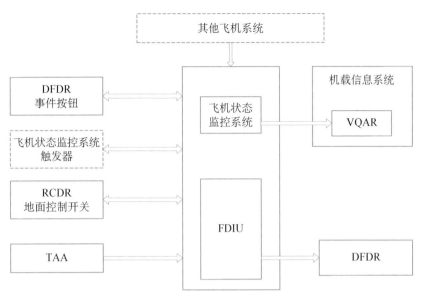

图 4 - 11　A350 飞机 FDRS 架构

717 规范规定的格式发送给 DFDR 和 QAR 进行记录。DFDR 通过 ARINC 717 接口接收来自 FDIU 的数据,并记录在非易失性存储介质中。QAR 通过 ARINC 717 接口接收并记录来自 FDIU 的数据,所记录的数据与 DFDR 的相同。TAA 探测飞机三个轴向的加速度,经处理后,将数据提供给 FDIU。DFDR 事件按钮用于产生事件信息。在飞行过程中,当出现状况时(如遭遇涡流等),机组成员按下事件按钮可产生事件标记,事件标记将记录在数据流中。在进行地面数据处理时,利用该标记可快速定位出现状况时的数据。事件标记也记录在 VQAR 中。启动/停止记录按钮是一个供地面机务维护时使用的手动开关。在地面上时,当所有的发动机已完全停止运转时,机组成员或地勤人员按下该按钮可手动启动或停止记录器的工作。

4.5.3　驾驶舱话音记录系统

1) CVRS 组成

A350 的 CVRS 由一台 CVR、一个驾驶舱区域麦克风、一个 CVR 控制面板、一个供地面机务维护时手动使用的启动/停止记录按钮组成。CVRS 的架构如图 4 - 12 所示。

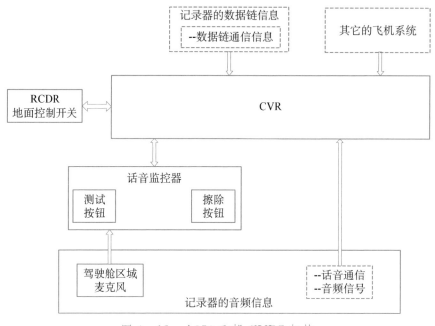

图 4 - 12　A350 飞机 CVRS 架构

2) CVRS 的工作原理

CVR 接收 4 路音频信号和 1 路空中交通管制(air traffic control，ATC)驾驶舱通信信号，将其处理后记录在非易失性存储介质中。4 路音频信号中 1 路来自驾驶舱区域麦克风的音频信号，1 路来自机长的音频信号，1 路来自副机长的音频信号，1 路来自机组之间通信的音频信号。驾驶舱区域麦克风收集舱音信息，经放大和调理后传送给 CVR。CVR 控制面板具有测试、擦除记录功能。使用启动/停止记录按钮时发动机已完全停止运转。

4.5.4　工作说明

A350 记录系统的操作是自动的。在空中飞行时，持续记录，不能停止。

在进行地面机务维护时，维护人员可通过地面记录控制按钮启动和停止记录。在飞机上电期间，记录系统将记录 5 min 后停止记录，一旦首发起动，记录系统将持续记录直到发动机停止 5 min 后。

4.5.5 控制和指示

1) 控制

在飞机依靠自身动力移动之前，通过电源互锁电路给飞行记录系统通电后，飞行记录系统启动工作，并开始连续记录，直到飞机结束飞行，不再凭借自身动力移动为止。在此过程中，机组成员不需要控制、操作飞行记录系统。

在飞行过程中，即使机组成员实施对飞行记录系统的操作，也不会影响飞行记录系统的工作。

飞行结束后，机组成员按下擦除按钮，可擦除掉所记录的音频数据。

飞行记录系统的控制开关设置在 CVR 面板和 FDRS 面板上。A350 飞机驾驶舱视图的顶面板如图 4-13 所示。

驾驶舱视图

FDRS面板和
地面控制面板

图 4-13 A350 飞机驾驶舱视图的顶面板

A350 飞机顶面板及 CVR 和 FDRS 控制面板如图 4-14 所示。

顶面板

CVR面板

FDRS控制面板和地面控制面板

图 4-14　A350 飞机顶面板及 CVR 和 FDRS 控制面板

4.6　A380 飞机飞行记录系统

4.6.1　概述

A380 是空客公司研制的巨型客机,首架 A380 客机于 2005 年 4 月试飞成功。A380 是世界上第一个采用 AFDX 为飞机主干数据传输网络的飞机。

A380 飞机的飞行记录系统设计为两种构型,一种采用独立的 FDRS 和独立的 CVRS;另一种采用 2 台组合式记录器。对于独立的系统架构,FDR 和 CVR 安装在飞机的尾部;对于 2 台组合式记录器架构,2 台中的一台安装在飞机前部(如驾驶舱附近),另一台安装在飞机尾部。本节重点描述独立的记录器系统。

A380 飞机的飞行记录系统采用独立的 FDRS 和 CVRS,没有设置 AIRS

和 DLRS。A380 飞机的飞行记录系统组成如图 4-15 所示。

图 4-15 A380 飞机飞行记录系统组成

4.6.2 飞行数据记录系统

1）概述

A380 飞机的 FDRS 的组成为 FDAU、FDR、TAA、VQAR。

A380 飞机 FDRS 架构如图 4-16 所示。

A380 飞机的 FDRS 采集来自飞机系统和传感器的参数，经转换后，以 ARINC 573 和 ARINC 717 规范的格式发送到 FDR 和 VQAR 进行记录。FDR 的记录时间不小于 25 h。

FDRS 所记录的数据来自飞机上的多个系统，主要有下列系统。

（1）全权数字式发动机控制（full authority digital engine control，FADEC）。

（2）驾驶舱显示系统（cockpit display system，CDS）。

（3）飞行告警系统（flight warning system，FWS）。

（4）飞行控制/导航/自动驾驶系统（flight control/guidance/auto flight systems）。

（5）缝翼/襟翼控制计算机（slat/flap control computers，SFCC）。

（6）起落架收/放系统（landing gear extension/retraction system，LGERS）。

（7）大气数据/惯性参考系统（air data/inertial reference system，ADIRS）。

（8）燃油质量管理系统（fuel quality management system，FQMS）。

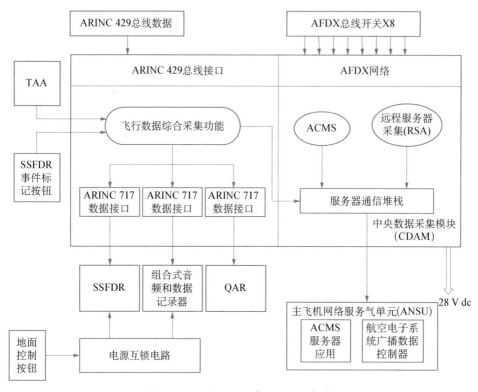

图 4 - 16　A380 飞机 FDRS 架构

（9）制动及转向控制系统（brake and steering control system，BSCS）。

（10）飞机环境监视系统（aircraft environment surveillance system，AESS）。

（11）飞行管理系统（flight management system，FMS）。

（12）引气管理系统（bleed air management system，BMS）。

飞机安装有主飞机网络服务器单元（aircraft network server units，ANSU）和备份 ANSU（ANSU - OPS1 和 ANSU - OPS2）。FDR 信息的一个备份存储在该单元的 VQAR 中，数字式飞行状态监控系统（aircraft condition monitoring system，ACMS)记录器（digital ACMS recorder，DAR)信息的一个备份存储在虚拟 DAR（virtual DAR，VDAR）中。智能 ACMS 记录器

(smart ACMS recorder，SAR)信息和飞机系统报告也记录在 ANSU - OPS 1 和 ANSU - OPS2 中。数据采集和记录系统原理如图 4 - 17 所示。

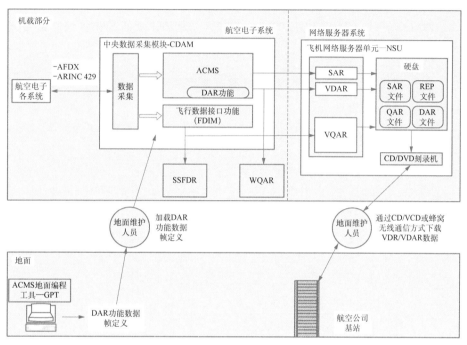

图 4 - 17   数据采集和记录系统原理

2) SSFDR

A380 飞机 SSFDR 外形如图 4 - 18 所示。

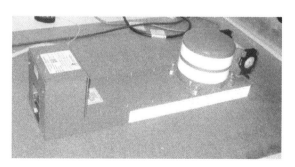

图 4 - 18   A380 飞机 SSFDR 外形

4.6.3　驾驶舱话音记录系统

1）概述

A380 飞机的 CVRS 包括了 DLR 的功能，为驾驶舱话音和数据链记录器（cockpit voice and data link recorder system，CVDLRS）。

A380 的 CVRS 包括以下设备：固态驾驶舱话音记录器、区域麦克风和前置放大器、控制面板。

图 4-19 所示为 A380 飞机 CVRS 架构。

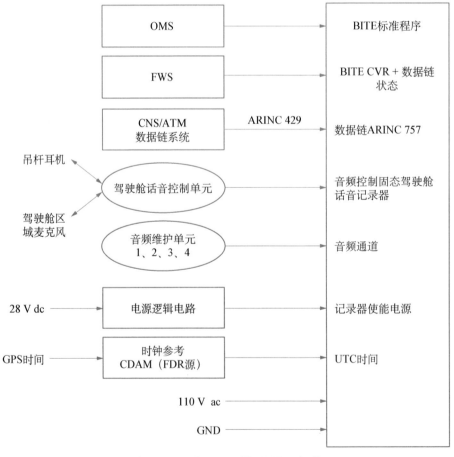

图 4-19　A380 飞机 CVRS 架构

在图 4-19 中,驾驶舱话音控制单元(cockpit voice unit,CVU)包含了下列输入。

(1) 飞机飞行通知(aircraft flight notification,AFN)。

(2) 约定式自动回报监视(automatic dependent surveillance-contract,ADS-C)。

(3) 离场许可连接(departure clearance link,DCL)。

(4) 越洋许可连接(oceanic clearance link,OCL)。

(5) 数字式自动终端信息服务(digital-automatic terminal information service,D-ATIS)。

2) 固态驾驶舱话音记录器

CVR 采用独立的固态驾驶舱话音记录器,如图 4-20 所示。

图 4-20　固态驾驶舱话音记录器

4.7　波音 737 飞机飞行记录系统

4.7.1　概述

波音公司于 1993 年开始启动新一代 737(737NG)系列飞机的研制项目。1997 年,波音 737NG 飞机首飞。波音 737NG 系列机型包括 737-600、700、

800 和 900 型系列。

波音 737 系列飞机的飞行记录系统采用独立记录器的系统架构,如图 4 - 21 所示。

图 4 - 21 波音 737 系列飞机飞行记录系统架构

现有的波音 737 系列飞机使用的 FDR 可记录至少 25 h 的飞行数据,储存格式为符合 ARINC 717 规范的双相哈佛码数据,记录的参数有 1 000 多个,例如波音 737 - 800 飞机采用 1 024 字/秒(1 024 WPS)的速率,记录参数有 1 500 多个;波音 777 - 300 飞机采用 1 024 字/秒(1 024 WPS)的速率,记录参数有 1 600 多个。

4.7.2 飞行数据记录系统

4.7.2.1 概述

波音 737 的 FDRS 采集和记录来自机载系统和传感器的数据,其配套的 FDR 具有坠毁保护能力,在飞机发生坠毁事件时保存最后 25 h 的数据,以便为飞行事故调查提供依据。波音 737 所采集、记录的参数满足局方的强制要求。

FDRS 的组成如下:FDAU、FDR、FDAU 状态继电器、飞行记录器测试模块、TAA、飞行控制传感器、飞机表面位置传感器、系统测试插座和连接器。FDRS 组成如图 4 - 22 所示,功能如图 4 - 23 所示。

FDAU 负责采集信号,所采集的信号包括模拟量、离散量和数字量。

FDAU 将这些信号转换为数字信号,处理后通过符合 ARINC 573 和 ARINC 717 规范的双相哈佛码发给其他相关设备。

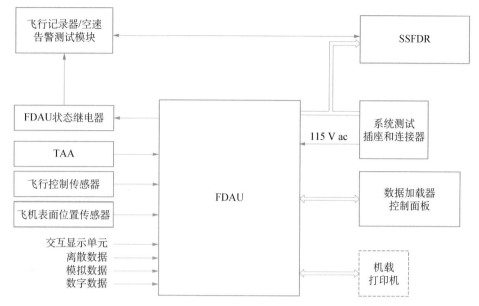

图 4-22　波音 737 系列飞机 FDRS 组成

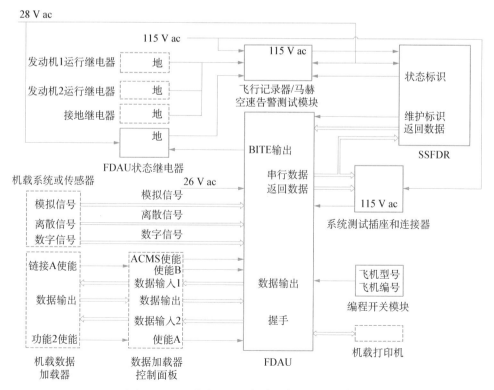

图 4-23　波音 737 系列飞机 FDRS 功能

FRS各设备安装位置如下所示。

(1) FDAU 的安装位置:电子设备舱。

(2) FDR 的安装位置:后设备舱。

(3) TAA 的安装位置:飞机重心位置。

4.7.2.2　飞行数据采集器

1) FDAU 概述

FDAU 采集来自机载系统和传感器的信息,转换成符合 ARINC 573 和 ARINC 717 规范所要求的标准格式,并发送给相关的设备。

FDAU 采用 115 V、400 Hz 单相交流电源供电,电源特性应符合 DO - 160C 的要求。

波音 737 的 FDAU 具有 DMU,用来监视数据。DMU 将 ACMS 的数据存储在固态存储器中,直到数据下载完成。

FDAU 的前面板具有以下功能:

(1) 数字信息输出(用于 BITE 和软件数据的 7 位的数字显示)。

(2) PCMCIA 接口(可存储不小于 500 MB 的数据)。

(3) BITE 开关(一个三位的拨动开关,可选择 BITE 数据或软件数据)。

(4) ACMS 故障灯(显示 ACMS 接口故障)。

(5) DFDR 故障灯(显示 DFDR 故障)。

(6) DFDAU 故障灯(显示 DFDAU 故障)。

2) FDAU 功能

FDAU 从数字信号源、离散信号源、模拟信号源获取飞机数据,并将其转换成串行数字数据发送给 FDR。

FDAU 也从 ACMS 采集数据并存储。可在"数据加载器控制面板"中将这些数据存入磁盘中。

FDAU 采用 115 V、400 Hz 单相交流电供电,FDAU 内部的电源模块将其转换为所需的各种直流电供整机工作。FDAU 同时也接收模拟变换器和传感器的 26 V 交流电源电压作为参考;并给 TAA 提供 28 V 直流电源。

模拟输入信号通过以下电路进行处理:

(1) 模拟接口电路接收模拟信号。

(2) 模数转换电路将模拟信号转换为数字信号。

(3) 主控制器接收转换后的数字信号,同时持续进行自测试工作和校准工作。

离散输入信号通过以下电路进行处理:

(1) 离散接口电路接收离散信号。

(2) 多路选择器采样每个输入。

(3) 主控制器接收转换后的离散数据。

数字信号接口接收和处理 ARINC 429 数字信号。在把这些数据发送给 FDR 之前,FDAU 的主控制器检查奇偶校验位和状态位。

当 FDAU 上电后,软件检查所有的数字输入通道。如果测试失败,则 FDAU 的故障灯有效,并且 BITE 输出离散信号给状态继电器,将其状态变换为"开"。

主控制器包括强制接口。主控制器接收飞行数据,并将其排序,以串行的方式发送给 ARINC 573 和 ARINC 717 接口。ARINC 573 和 ARINC 717 接口将数字数据转换为双相哈佛码格式,并发送给 FDR。

DMU 的主控制器处理 ACMS 的数据。DMU 监视 FDAU 输入的规定的 ACMS 参数。当 DMU 主控制器发现数据变化为一个值并被记录时,DMU 生成一个参数报告。ACMS 存储飞行中每一次的报告,ACMS 的存储器将保存这些报告。

DMU 主控制器包括 ACMS 接口。控制器发送报告给数据加载控制面板和 PCMCIA 记录器。航空公司可使用数据加载器或 PCMCIA 卡存储报告。控制器可从数据加载控制面板获得 ACMS 软件。

通过内部数据总线,DMU 的主控制器可从 FDAU 的主控制器获得数据。

固态存储器一直保持报告数据,直到报告下载完成。

PCMCIA 卡槽可存取 PCMCIA 存储卡。ACMS 数据保存在存储卡中。PCMCIA 卡可以配置为一个内部的 QAR。存储卡可以记录所有的强制参数。存储卡的插拔在 FDAU 的前面板上实现。

选择 BITE 开关到 ACMS 位置或 DFDAU 位置,可以观察到基于件号和工作故障代码的软件和数据。灯指示以下故障:ACMS—ACMS 故障;DFDR—FDR 故障;DFDAU—FDAU 故障。FDAU 失效信号(开状态)输入到状态继电器以指示 FDAU 故障。

FDAU 功能描述如图 4 - 24 所示。

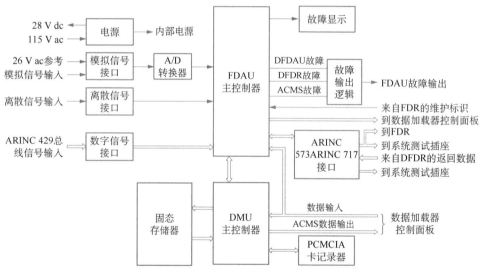

图 4 - 24　波音 737 系列飞机 FDAU 功能描述

4.7.2.3　飞行数据记录器

1) 概述

FDR 将飞行数据存储在固态存储器中。

FDR 由具有防护能力的坚固金属合金做成,重量约 18 lb(8.2 kg)。FDR

中的存储组件提供对以下条件的防护：

(1) 不小于 5 000 lb(2 270 kg)的挤压。

(2) 不小于 3 400 g 的冲击。

(3) 20 000 ft(6 096 m)的深海压力。

(4) 火焰温度不低于 1 100℃、持续时间不少于 30 min 的火烧。

在 FDR 的前面板安装以下部件：

(1) 1 个 ULB。

(2) 1 个自测试设备（automatic test equipment，ATE)连接器。

(3) 1 个黄色的 BITE 指示灯。

当 FDR 故障时，FDR 点亮黄色的 BITE 指示灯。

ATE 连接器用于与便携式测试设备的连接，用于拷贝固态存储器中存储的信息。

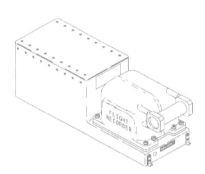

图 4 - 25 波音 737 系列飞机 FDR 外形

FDR 接收、记录来自 FDAU 的飞行数据，并保持最后不小于 25 h 的飞行数据。FDR 外形如图 4 - 25 所示。

2) FDR 的功能

FDR 接收和保持最后 25 h 的飞行数据。FDR 接收来自 FDAU 的飞行数据，数据保存在具有抗冲击、防火烧能力的 CSMU 内。FDR 在上电时进行自测试，以确保记录器是完好的；同时 FDR 具有连续自测试能力，以检测工作过程中的故障。

FDR 接收来自 FDAU 的双相哈佛码格式的数据，输入和输出接口缓存器将数据放置在总线上。FDR 将接收到的数据再返送回给 FDAU。FDR 的 CPU 控制数据的流转，同时 CPU 也控制自测试的实施，并将自测试的结果发送给 BITE 监视器。BITE 监视器检查上电和 FDR 的功能。BITE 监视器控制 2 个继电器，继电器给出如下故障指示："系统状态标识"信号、"维护标识"信号、BITE 指示灯。

产生"系统状态标识"信号故障输出的条件有输入电源丢失、输入数据丢失、CPU 灾难性失效存储器芯片有缺陷导致存储空间不足、发现软件故障、输入数据故障（坏的数据率输入）、没有正确记录数据、测试模式。

产生"维护标识故障指示"信号的条件有硬件故障、发现软件故障、输入数据故障（坏的数据率输入）。

"状态输出"进入飞行记录器测试模式。如果记录器内部记录功能出现故障，则该输出是一个"地"信号，并且将灯接通到测试模式；当记录器工作正常时，其输出为"28 V dc"。

"维护标识输出"输出给 FDAU。当 FDR 故障时，该输出为"open"；当记录器工作正常时，其输出为"地"。

失效或维护存储在存储器中，地面支持设备（ground support equipment, GSE）可从存储器中读出该数据。

FDR 功能如图 4-26 所示。

3）FDR 接口

FDR 接口如图 4-27 所示。

4.7.2.4　水下定位信标

ULB 是一种超声波信标，与记录器的防护组件刚性连接，当 FDR 落入水中时，方便寻找 FDR。

波音 737 的 FDR 上安装的 ULB 为圆柱形，直径为 1.3 in（3.3 cm）、长为 4 in（10.2 cm），重量为 12 oz（0.34 kg）。

ULB 的寿命为 18 年，其内部的电池有效期为 6 年，电池到期后可更换。最好将 ULB 返回给制造商更换电池。更换时应用橡胶管将 ULB 夹紧，不能采用虎钳，否则会损坏 ULB。

ULB 具有以下工作性能：

（1）当其浸入水中时开始工作。

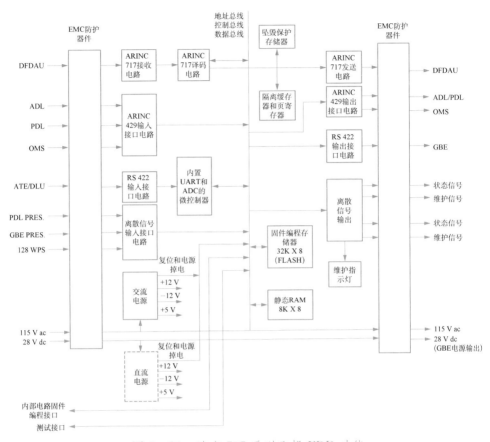

图 4-26 波音 737 系列飞机 FDR 功能

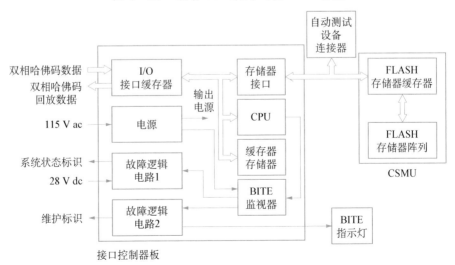

图 4-27 波音 737 系列飞机 FDR 接口

（2）工作的最大深度为 20 000 ft(6 096 m)。

（3）探测范围为 7 000 ft(2 134 m)～12 000 ft(3 658 m)。

（4）在水下工作至少 30 天。

（5）每秒发送 1 次 37.5 kHz 的音频脉冲音。

4.7.2.5　飞行记录器/空速告警测试模块

飞行记录器/空速告警测试模块给机组成员提供飞行记录器工作视觉上的指示。地面维护人员可通过该部件的开关手动给记录器供电。

维护时,将"测试/正常"开关置于"测试"位置,将给飞行记录系统上电。

当 FDR 或 FDAU 发现关键故障以及 FDRS 没有工作时,飞行记录器指示灯被点亮。

4.7.2.6　三轴加速度计

TAA 探测飞机三个轴向的加速度信号,转换成模拟信号输出给 FDAU。

TAA 在正常工作范围内可探测不小于 10 次的加速度信号,且不需要校准维护和计划性维护。

FDAU 向 TAA 提供 28 V 直流工作电源。

4.7.2.7　FDRS 测试

当发动机处于工作状态或飞机在空中飞行时,FDAU 和 FDR 连续进行自测试工作。当飞行记录系统故障时,飞行记录器指示灯被点亮。

在地面上时,即使发动机未处于工作状态,设置"飞行记录器/空速告警测试模块"的"测试/正常"开关到"测试"位置,也可以给飞行记录器加电。

如果 FDAU 有飞行记录器的数据处理故障,则下列灯将点亮:

（1）FDAU 前面板上的 DFDAU 指示灯。

（2）飞行记录器/空速告警测试模块中的飞行记录器 OFF 灯。

如果 FDAU 有 ACMS 的数据处理故障,则 ACMS 灯被点亮。

FDR 内的故障将导致下列指示灯点亮:

（1）FDR 上的 BITE 指示灯。

（2）FDAU 上的飞行记录器故障指示灯。

（3）飞行记录器/空速告警测试模块中的飞行记录器 OFF 灯。

（4）两个主告警灯。

（5）头顶的告警信号器。

4.7.2.8　FDAU 的机内自测试设备

FDAU 具有 BITE 和自测试软件。BITE 具有以下功能：

（1）点亮故障灯。

（2）显示故障代码。

（3）保存故障信息。

1）PCMCIA 驱动和卡

FDAU 有两个 PCMACIA 卡插槽，可使用任意一个插槽。按压卡上端的弹出开关可弹出卡。PCMCIA 卡可实现以下功能：

（1）加载软件到 FDAU。

（2）存储 FDAU 数据。

为了加载软件，将存储了软件的数据卡插入任何一个 PCMCIA 插槽，FDAU 点亮"IN PROG LED"。当传输完成时，FDAU 点亮"XFER COMP LED"。如果软件传输失败，则 FDAU 点亮"XFER FAIL LED"。为了传输数据到数据卡，插入一个已格式化的数据卡。如果 PCMCIA 驱动故障，则"DFM BITE LED"被点亮。

FDAU 在其前面板上有 3 个故障指示灯：ACMS、DFDR、DFDAU。当有输入故障、DMU 主控制器故障或者存储器故障时点亮 ACMS 灯，FDAU 连续发送数据，FDR 连续记录数据。当 FDR 内部有故障时，DFDR 故障指示灯被点亮。FDAU 连续发送数据给 FDR。当 FDAU 内部有电源故障、输出数据故障、可擦除可编程只读存储器（erasable programmable read-only memory，EPROM）故障时，DFDAU 故障指示灯被点亮。EPROM 保存 FDAU 的程序。

FDAU 不能发送数据给 FDR。

2）BITE 故障代码显示

如果 FDAU 内存在故障,则一个 7 位的交互式显示器可以显示故障代码。一个三位的 BITE 纽扣开关控制故障代码显示。设置该开关到左或者右的位置,启动测试。可观察到以下指示:

（1）灯测试。

（2）当无 BITE 错误时,无故障显示。

（3）当 FDAU 错误时,显示错误代码。

当显示错误代码时,将开关再打到右边的位置,可以显示更多的错误代码。当没有更多的错误代码时,显示器显示为空。

将开关打到左边位置可查看 ACMS 的错误代码。当 ACMS 故障时,数字显示器显示错误代码。当显示错误代码时,将开关再打到右边的位置,可以显示更多的错误代码。

4.7.2.9　软件或数据加载

可将软件加载到 FDAU 中,或从 ACMS 下载数据。

软件包括用于维护和工作的标准计算机程序,也包括用于满足特殊需要的计算机程序。

ACMS 可将报告下载到磁盘中。

1）加载软件的操作

为了加载软件到 ACMS 中,使用数据加载器控制面板。在顶端的开关选择"SINGLE SYS";在底端的开关选择 ACMS 位置,为 DMU 的主控制器加载软件;选择 DFDAU 位置,为 FDAU 的主控制器加载软件。

将磁盘放入机载数据加载器。当加载完数据时,在 FDAU 的前面板上可检验新的软件件号。

2）下载报告数据的操作

ACMS 可下载报告数据到磁盘,为接收报告数据,磁盘必须先格式化。

为了下载报告数据,选择数据加载器控制面板上的 ACMS 位置,将已格式化的磁盘放入机载数据加载器中。当飞机在地面上时,FDAU 自动下载报告数据到磁盘中。机载数据加载器显示加载已完成。

4.8 波音 787 飞机飞行记录系统

随着空客公司民用飞机市场份额的不断增加,波音公司在 20 世纪 90 年代后期就决定研发新的替代机型,提出了波音 7E7(波音 787 的前身)。7E7 中的 "E"字主要代表效率、经济性、超凡的舒适性和便利性、环保性以及电子化系统。2005 年 1 月,波音公司将 7E7 飞机确定为波音 787。自此,该飞机被称为 "波音 787 梦想飞机"。波音 787 的设计旨在增强安全性,提高操作性能和效率,使飞行环境更舒适和安全,降低成本,以及采用通用的波音生产线。波音 787 是最先进的大型飞机之一,它在航空电子方面采用了大量的新技术,如采用了大屏幕平板显示、综合模块化通用核心处理系统、基于以太网的公共数据网络、先进的中央维护和飞机状态监控系统、综合告警系统和先进的无线网络技术等[13]。

波音 787 采用了综合模块化航电系统架构,以通用核心系统(common core system,CCS)为核心。CCS 是一个综合的软硬件平台,具有运算、通信及输入和输出功能,航空电子系统的各功能在其上运行。

CCS 由 3 个主要单元组成,分别为通用计算资源(common computing resource,CCR)、RDC 以及通用数据网络(common data network,CDN)。CCR 提供软件应用服务,RDC 提供飞机各系统数据输入和输出服务,CDN 提供飞机各系统间数据传输服务。

采用 CCS 的航空电子架构具有以下优点:

(1) 可减少体积、重量和功耗。

（2）部件标准化，减少备件数量，同时易于维修。

（3）易于重构。

（4）开放式的架构，易于扩充。

波音 787 飞机的飞行记录系统采用了以 EAFR 为核心的架构，具有以下功能：

（1）FDR 功能。

（2）CVR 功能。

（3）DLR 功能。

（4）飞行数据采集功能。

飞行记录系统由以下设备组成：前 EAFR、后 EAFR、区域麦克风和前置放大器、音频控制面板、RIPS。FRS 配置 2 台 EAFR，1 台安装在机身前部，1 台安装在机身后部，2 台 EAFR 记录相同的数据。前 EAFR 配置 1 台 RIPS，该 RIPS 同时也连接到区域麦克风和前置放大器，当 EAFR 失去电源时可提供 10 min 的工作电源。

波音 787 飞机飞行记录系统架构如图 4-28 所示。驾驶舱区域麦克风采集驾驶舱环境音频信号，经放大后，直接以模拟量的形式发送给 EAFR 记录。机组成员之间的话音信息和飞行数据经 CCR 处理后，通过 CDN 网络发送给 EAFR 记录。

波音 787 飞机首次使用了 EAFR，EAFR 为组合式记录器，综合了 CVR、FDR 和 DLR 的功能，记录了飞行数据、音频数据和数据链数据，暂未包含视频数据。波音 787 飞机采集、记录的飞行参数为 2 000 个。

4.8.1 概述

波音 787 飞机的飞行记录系统采用基于 ARINC 664 总线的系统架构，EAFR 具有直接与 ARINC 664 总线接口的能力，可通过 ARINC664 总线获取来自飞机各系统的飞行数据、音频数据和通信、导航、监视和航空运输管理

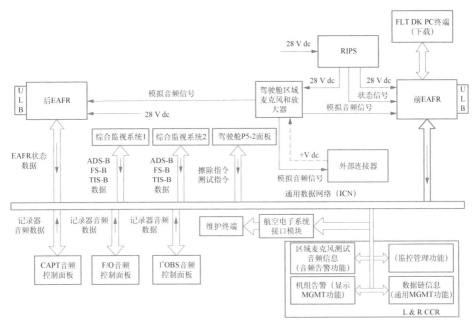

图 4-28　波音 787 飞机飞行记录系统架构

信息。

　　波音 787 飞机配置了多个 RDC，RDC 具有数据采集、转换、处理和与 IMA 核心处理机交互的功能，将所采集的参数发送到 ARINC 664 总线上。EAFR 接收来自 RDC 的飞行数据，并记录在存储器中。

　　音频信息、数据链信息的采集和记录方式与飞行数据相同，音频信息和数据链信息通过 RDC 转换为数字数据，发送到 ARINC 664 总线上，EAFR 接收数据，并记录在存储器中。

　　波音 787 飞机的飞行记录系统中配置了 2 台 EAFR，一台安装于飞机前部，称为前 EAFR(FWD EAFR)，另一台安装于飞机后部，称为后 EAFR(AFT EAFR)。两个 EAFR 记录相同的数据，EAFR 符合 ARINC 767 规范的要求。前 EAFR 与 RIPS 相连接。

　　RIPS 符合 ARINC 777 规范的要求，采用 28 V 直流电供电。当飞机断电后，RIPS 的输出为前 EAFR 和区域麦克风和前置放大器提供 10 min 的工作电源。

区域麦克风安装在驾驶舱中，用于采集驾驶舱的音频信息，经放大和匹配后，输出给 EAFR。

控制面板上设置了对音频信息的检测和擦除功能。波音 787 飞机的飞行记录系统功能如图 4-29 所示。

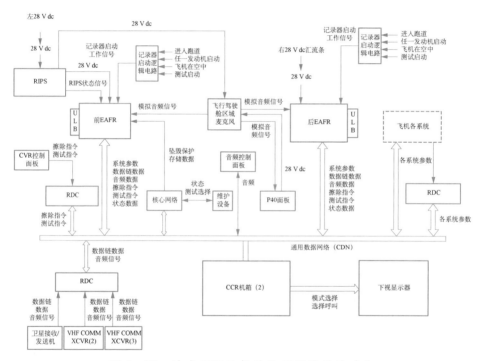

图 4-29　波音 787 飞机的飞行记录系统功能

各类型数据的记录时间如下所示。

（1）飞行数据：不小于 25 h。

（2）音频数据：每通道不小于 2 h。

（3）数据链数据：不小于 2 h。

飞行记录系统具有以下接口：CVR 控制面板、音频控制面板（audio control

panel，ACP)、P40 面板、RDC 单元、高频(HF)通信收发机、甚高频(VHF)通信收发机、卫星接收器传输器(SRT)、下视显示器。

飞行记录系统设置有与 CCS 的接口,用于处理飞机系统参数;也设置有与核心网络的接口,用于与维护便携机的通信。

设备安装位置如下所示。

(1) 前 EAFR 安装于左进门的王冠区域。

(2) 后 EAFR 安装于后舱之上的王冠区域。

飞行记录系统主要技术指标如下所示。

(1) 参数:记录 2 000 个参数,50 h;满足 ARINC 767 规范的要求。

(2) 格式:原始数据文件大小约为 800 MB(压缩 200 MB)。

(3) 具有专用的以太网接口,可支持记录 2 h 驾驶舱图像,记录速度可达 4~6 帧/秒;飞行数据记录时长最低为 25 h。

4.8.2　增强型机载飞行记录器

4.8.2.1　概述

EAFR 是一种具有防护性能的固态综合记录器,能保证在强撞击后保存所记录的驾驶舱话音和飞行数据以及数据链信息,数据流传输采用 AFDX 总线。

其主要特性如下:

(1) 两个 EAFR 收集和记录相同的数据。

(2) 两个 EAFR 均具有飞行数据采集功能,该功能仅记录要求记录的数据,并要求所记录的数据是可编程的;且检查所有数据的有效性。

(3) 前 EAFR 可与维护便携机连接,以下载和监视数据。

(4) 后 EAFR 直接从飞机的 28 V 直流电源上获得工作电源。

(5) 前 EAFR 从 RIPS 的 28 V 直流电输出获得工作电源。

EAFR 外形和在机上的安装如图 4 - 30 和图 4 - 31 所示。

图 4 - 30　EAFR 外形　　图 4 - 31　前 EAFR 和后 EAFR 在机上的安装

4.8.2.2　EAFR 的功能

EAFR 具有下列功能。

（1）EAFR 可记录和保存以下数据：飞行数据、驾驶舱话音信息、数据链信息。

（2）飞行数据采集功能。该功能是 EAFR 中的一个软件应用，其接收和格式化 ARINC 767 规范所要求的飞行数据，通过共用数据网络与飞机系统连接。如果系统具有多个数据源，则该功能采用表决或平均策略的方式确定要记录的数据。

（3）EAFR 记录至少 2 h 的驾驶舱音频和通信音频信息；至少 25 h 的飞行数据；至少 2 h 的所有数据链信息。

（4）具有坠毁保护能力：强冲击（3 400 g）；静态挤压（5 000 psi①）；深海压力［深度达 20 000 ft（6 096 m）］；高温火烧（1 100℃、30 min）。

（5）自测试功能。EAFR 设置有 BITE，可与软件一起完成机内自测试工作。

（6）配置文件加载功能。EAFR 可通过机载系统的加载设备或地面支持设备加载配置文件。

（7）数据下载功能。通过地面支持设备可下载 EAFR 所记录的数据。

（8）水下定位功能。EAFR 安装有 ULB，当 EAFR 浸入水中时，ULB 启

---

① psi：磅力每平方英寸，压力单位，1 psi＝6. 895×10³ Pa。

动工作,发出声呐信号,以方便搜寻 EAFR。根据法航 AF447 空难发生后法国航空事故调查局所提出的飞行安全改善建议,EAFR 上配置的 ULB 应具备 90 天的电力。

4.8.2.3 EAFR 的使用

1) 主最低设备清单

在一台 EAFR 中,不论是 CVR 功能还是 FDR 功能无效,波音主最低设备清单(master minimum equipment list,MMEL)都允许 10 天的签派。如果在两台 EAFR 中同一功能无效而其他功能有效,则波音 MMEL 允许 3 天的签派。

2) 飞行前的检查

飞行前通过按下"测试"按钮,启动对 EAFR 音频部分的自测试,并将测试结果输出给显示系统。

3) 维护

当 EAFR 安装在波音 787 飞机上时,地面维护人员可使用地面操作程序(operational ground program,OGP)进行 EAFR 的数据下载、自测试(BIT)、维护及实时监控(direct parameter display,DPD)等工作。OGP 是存储在 EAFR 中的网际网络服务器(HTTP server)程序,通过维护电缆,将地面设备与 EAFR 相连,维护人员可通过 IE 浏览器进行 OGP 操作。按照法规要求,不能在飞机上直接下载音频数据。

4) 飞行后音频数据的擦除

飞机落地并关闭发动机后,机组成员或地面维护人员可通过按下"擦除"按钮,擦除所记录的全部音频信息。

4.8.3 远程数据集中器

数据采集通过 RDC 实现。波音 787 飞机共配置了 21 台 RDC,RDC 是飞机各系统与共用数据网络之间转发数据的装置。

RDC 作为波音 787 飞机各功能的数字网关,决定了模拟信号、离散信号、

ARINC 429 信号、控制器局域网络（controller area network，CAN）总线数据与共用数据网络的连通和断开。模拟信号和离散信号来自远程传感器和效应器。如同 ARINC 429 一样，RDC 拥有数字网关的功能，这样使系统综合者有更多的灵活性配置航空电子系统。波音 787 飞机的 RDC 架构如图 4-32 所示。

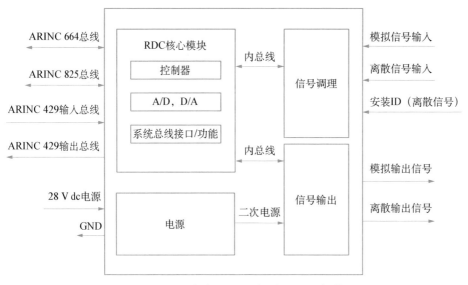

图 4-32 波音 787 飞机的 RDC 架构

21 个 RDC 的型号相同，并安装相同的软件，依据 MMEL，允许在 1 个 RDC 出现故障的情况下签派飞机，如果任一 RDC 故障可与编号 19 的 RDC 互换，则使编号 19 的 RDC 成为待修件，因编号 19 的 RDC 实现的是某些系统的备用功能和非急迫性功能。

4.8.4　水下定位信标

EAFR 安装有 ULB，ULB 与 EAFR 的 CSMU 刚性连接。当飞机落入水中时，ULB 浸入水中后自动启动，发出声呐信号，以帮助寻找失事的飞机。ULB 从其内部的电池获得 9.6 V 直流电源进行工作。

ULB 的主要技术指标如下所示。

（1）工作深度：20 000 ft（6 096 m）。

（2）探测范围：12 000 ft（3 658 m）。

（3）工作时间：水下 30 天。

（4）每秒发送 1 个 37.5 kHz 的信号。

ULB 内部电池的寿命在没有使用的情况下是 6 年。

4.8.5　记录器独立电源

后 EAFR 直接从飞机电源系统获得 28 V 直流电供电，前 EAFR 及区域麦克风和前置放大器从飞机电源系统及 RIPS 获得 28 V 直流电供电，如果飞机电源系统无效（低于 18 V），则前 EAFR 及区域麦克风和前置放大器由 RIPS 供电。

当飞机电源无效时，RIPS 提供 10 min 的电源。即使飞机正常断电，RIPS 也提供 10 min 的电源。RIPS 的电源具有足够的能量，用于多次重复放电输出。对于任意充电状态，RIPS 都需要 15 min 将电源充电到最低电量水平。如果 RIPS 不能将电池的电充到确保 10 min 工作的电量，则在显示器上显示"记录器独立电源"信息。

RIPS 的工作不需要外部控制。RIPS 具有自测试功能，其状态信号输出给前 EAFR。RIPS 应与前 EAFR 相邻安装，可有效减小电源损耗。RIPS 的电池是可更换的，电池的安装如图 4-33 所示。

图 4-33　波音 787 飞机的 RIPS 电池的安装

4.8.6　区域麦克风和前置放大器

图 4-34　波音 787 飞机的区域麦克风和前置放大器外形

飞行记录系统包括设置在驾驶舱 P5 面板上的区域麦克风和前置放大器，其外形如图 4-34 所示。麦克风是一个定向的、电容式的麦克风，如图 4-35 所示，其频率响应范围为 200 Hz～10 kHz。放大器有 3 个模拟音频输出通道，分别连接到前 EAFR、后 EAFR 和 P40 面板上的头顶式麦克风连接器上。

驾驶舱区域麦克风

图 4 - 35　波音 787 飞机的区域麦克风和前置放大器麦克风

在上电时，区域麦克风和前置放大器自动进行测试。如果测试失效，则显示状态信息。

区域麦克风和前置放大器通过 RIPS 获得机上电源。正常时由飞机电源供电，当飞机电源失效时，由 RIPS 供电。

4.8.7　音频控制面板

飞行记录系统自动实现各功能。当满足以下任一条件时，飞行记录系统开始记录飞行数据和音频数据：

（1）在起飞准备期间，飞机进入始发航空站。

（2）发动机启动。

（3）飞机在空中。

（4）按下 CVR 面板上的测试按钮。

按下测试按钮后，如果发动机没有启动或者飞机在 10 min 内没有起飞，则 EAFR 将停止记录。

如果飞机在地面上，则在两台发动机关闭 10 min 后，EAFR 将停止记录。

按下擦除按钮将擦除所记录的全部音频信号。如果飞机在空中或者发动机正在运行,则擦除功能会被抑制。当 EAFR 安装在飞机上时,不能擦除飞行数据。

按下 CVR 面板上的测试按钮将实施对区域麦克风的测试,如果产生以下两个结果,则表明测试通过:

(1)飞行面板上的麦克风产生 1 kHz 的音标。

(2)未显示"话音记录器系统"状态信息。

在测试期间不能通话,否则将导致测试失败。

CVR 面板如图 4-36 所示。

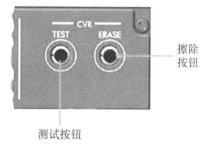

图 4-36 波音 787 飞机的 CVR 面板

4.8.8 数据下载

使用飞行记录器的地面软件可完成以下工作:

(1)下载所记录的数据。

(2)查看 EAFR 的件号和序号。

(3)清除 EAFR 的记录。

(4)提供直接参数显示(direct parameter display,DPD)软件的入口。

地面软件是安装在维护便携机(maintenance laptop,ML)上的一个软件应用。为了使用地面软件存取 EAFR,实施以下步骤:

(1)通过有线或无线方式,连接 ML 与飞机。

(2)在 ML 的桌面上,打开飞行记录器下载应用,地面软件将打开 EAFR 的配置页面。

屏幕左侧的一个菜单将链接到下列选择。

(1)下载:在飞机上选择下载菜单,可下载前 EAFR 中的飞行数据。

(2)自测试:可查看已存储的数据、清除记录器的记录和参数。该功能只在工作期间有效。

（3）构型：显示构型信息，如件号、序列号、模块号等。

（4）DPD：实时观测记录器中的数据。

只能在工作期间下载后 EAFR 的数据、前 EAFR 和后 EAFR 中的音频数据。

地面软件界面如图 4-37 所示。

图 4-37 地面软件界面

4.9 AC312E/C 直升机飞行记录系统

AC312E 直升机是航空工业哈飞公司研制的双发 4 吨级轻型直升机，于 2016 年 7 月完成首飞，2019 年 3 月完成型号合格证前关键试飞。该机具有发动机动力强劲、航空电子系统先进、座舱布局合理、构型转换快速等优势竞争力，不仅具有良好的高温、高原性能，而且具有出色的平原飞行表现，可满足通用运输和公务运输、紧急医疗救护和搜索救援、公务执法、近海石油开采等多种任务对直升机的需求。

AC312E 安装了独立的 FDRS 和 CVRS,没有安装 AIRS 和 DLRS。FDRS 选用了陕西千山航空电子有限责任公司研制生产的 FJ-80M FDRS,CVRS 选装了进口产品。

4.9.1 飞行数据记录系统

4.9.1.1 概述

FJ-80M FDRS 于 2015 年开始研制,于 2019 年取得 CAAC 适航认证。其由 1 台 FA-80M FDAU、1 台 FB-80M FDR、1 台 CD-39 TAA、1 台 FBQ-80M QAR 和 2 块 FR-80M 数据卡组成,产品外形如图 4-38 所示。

图 4-38 FJ-80M 产品外形

FDRS 采集、记录的参数满足局方对强制参数的要求,同时还记录了部分维护参数。FDR 与 QAR 中记录的参数相同。

FDRS 采集、记录的参数为 200 多个。FDRS 各设备之间的交联关系如图 4-39 所示。

FA-80M FDAU 采集来自传感器和其他机载设备的飞行数据,转换为数字量后,通过设备间的互连总线发送给 FDR 和 QAR 两个记录设备进行记录。

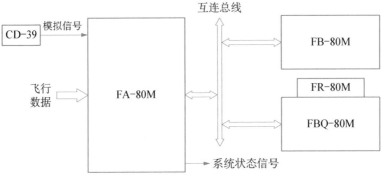

图 4 - 39　FJ - 80M FDRS 各设备之间的交联关系

FB - 80M FDR 为 SSFDR,其接收来自 FDAU 的总线数据,并记录在具有坠毁保护能力的固态存储组件中。记录器的防护能力满足 CTSO - C124c 的要求。

FBQ - 80M QAR 也接收来自 FDAU 的总线数据,并将其存储在 FR - 80M 数据卡上。QAR 没有采用传统的插槽设计,而是采用航空连接器与数据卡相连接,该航空连接器为快卸式连接器,方便使用。

FR - 80M 数据卡安装在 QAR 上使用,采用快卸式航空连接器与 QAR 相连。

FDRS 系统上电后开始采集、记录,并持续工作,直到断电。在工作过程中 FDRS 不受外部控制。

在地面上时,FDRS 可与地面支持设备连接,对 FDRS 进行装机后的检查,下载和处理 FDR 所记录的数据。

FDRS 具有 BITE,实现机内自测试功能,FDAU、FDR、QAR 均具有上电自检测、周期自检测和维护自检测功能,FDR 和 QAR 的自检测信息上报给 FDAU,FDAU 连同自身的自检测信息一起形成系统自检测信息,并在数据流中编辑,发送给 FDR 和 QAR 记录。当探测到故障时,发出故障信号,同时点亮故障灯;所发出的故障信号发送给综合显示系统进行显示。

4.9.1.2　FA-80M 飞行数据采集器

FDAU 的主要任务是通过对外接口采集飞行参数,并将这些采集到的参数处理后发送给两个记录设备进行记录。

FA-80M FDAU 的内部结构如图 4-40 所示。

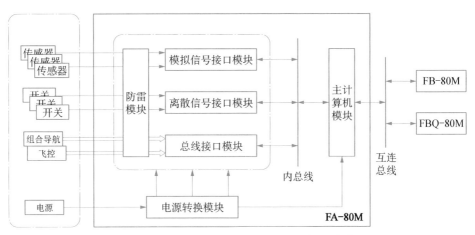

图 4-40　FA-80M FDAU 的内部结构

FA-80M FDAU 由防雷模块、接口模块、主计算机模块、电源转换模块组成,各模块功能如下:防雷模块针对雷电效应影响为各信号或总线接口提供保护;各接口模块负责采集相应类型信号或总线数据;主计算机模块从各接口模块获取采集的数据,并在完成数据打包后通过互连总线发送给记录设备进行记录;电源转换模块负责适配机上电源,并将其转换为 FA-80M 内部各功能模块的工作电源。

FA-80M 飞行数据采集器主要技术指标如下所示。

(1) 信号采集接口。

a. 模拟信号接口:48 路。

b. 离散信号接口:64 路。

c. 频率信号接口:4 路。

d. 事件信号接口:1 路。

e. ARINC 429 总线接口:16 路。

f. UART 总线接口:8 路。

(2) 信号采集精度。

a. 模拟信号采集精度不大于±0.3%。

b. 频率信号采集精度不大于±1 Hz。

(3) 输出互连总线接口:2 路,符合 ARINC 717 规范要求的双相哈佛码数据总线。

(4) 维护总线:1 路,与地面设备接口。

(5) 电源:+28 V 直流电。

(6) 功耗:不大于 25 W。

(7) 外形尺寸:220 mm×127 mm×197 mm。

(8) 重量:4.0 kg。

(9) 安装方式:托架安装方式。

(10) 环境适应性:符合 RTCA/DO‐160G。

4.9.1.3　FB‐80M 飞行数据记录器

FB‐80M FDR 的主要任务是接收来自 FDAU 的飞行数据,并将其记录在 CSMU 中,坠毁保护组件具有坠毁保护能力,在飞机发生飞行事故时保护记录的数据。

FB‐80M FDR 为 SSFDR,主要由电源转换模块、数据管理模块和一个坠毁保护组件组成,坠毁保护组件由存储模块和防护壳体部件组成,如图 4‐41 所示。

FB‐80M FDR 主要技术指标如下所示。

(1) 接口。

a. 以太网:1 路。

b. 互连总线接口:1 路,符合 ARINC 717 规范要求的双相哈佛码数据总线,支持 64、128、256 和 512 WPS。

(2) 记录时间:飞行数据不小于 25 h(按 512 WPS)。

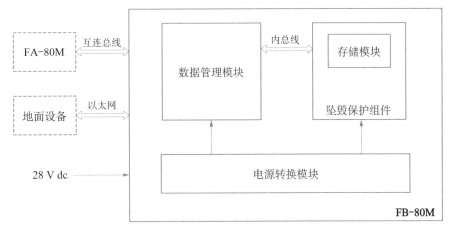

图 4 - 41　FB - 80M FDR 的内部结构

（3）记录方式：循环记录，不压缩。

（4）随机出错率：不大于 10^{-7}。

（5）启动/停止记录条件：产品上电启动记录，掉电停止记录。

（6）坠毁保护性：符合 CTSO - C124c。

（7）电源：＋28 V 直流电。

（8）功耗：不大于 5 W。

（9）外形尺寸：213 mm×110 mm×114 mm。

（10）重量：不大于 3.0 kg。

（11）环境适应性：符合 RTCA/DO - 160G。

在 FB - 80M 上安装有 ULB，与坠毁保护组件刚性连接，ULB 满足 TSO - C121a 的要求。

4.9.1.4　FBQ - 80M 快取记录器和 FR - 80M 数据卡

FBQ - 80M QAR 的主要任务是接收和记录来自 FDAU 的总线数据，并实现数据的快速下载。FR - 80M 数据卡在 FBQ - 80M QAR 的控制下工作，用于存储 FBQ - 80M 接收的飞行数据。

FBQ - 80M QAR 由电源转换模块、数据管理模块和数据卡接口组成，如

图 4 - 42 所示。

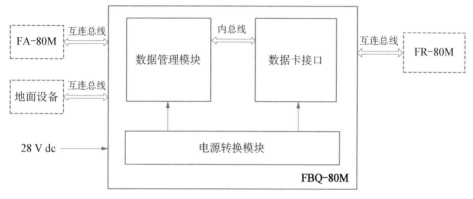

图 4 - 42　FBQ - 80M QAR 的内部结构

由于 FR - 80M QAR 是航插式数据卡,与传统的光盘、插卡方式的 QAR 相比,无须光盘驱动机构或卡机构,因此 FBQ - 80M QAR 更小、更轻,使用也更方便。

FBQ - 80M QAR 和 FR - 80M 数据卡主要技术指标如下所示。

(1)接口。

a. 以太网:1 路。

b. 互连总线接口:1 路,符合 ARINC 717 规范要求的双相哈佛码数据总线,支持 64、128、256 和 512 WPS。

(2)记录时间:飞行数据不小于 100 h(按 512 WPS)。

(3)记录方式:循环记录,不压缩。

(4)随机出错率:不大于 10^{-7}。

(5)启动/停止记录条件:产品上电启动记录,掉电停止记录。

(6)数据卡插拔次数:不小于 3 000 次。

(7)电源:+28 V 直流电。

(8)功耗:不大于 5W。

(9)外形尺寸:100 mm×65 mm×75 mm(高度方向含数据卡)。

(10) 重量:不大于 0.4 kg(含一个数据卡)。

(11) 环境适应性:符合 RTCA/DO - 160G。

4.9.1.5　适航认证

在 FJ - 80M FDRS 研制过程中同步开展了适航取证工作。按要求,取证目标为通过 CAAC 适航审查,取得中国技术标准项目批准书(China technical standard order approval,CTSOA)和配合原始设备制造商取得型号合格审定(type certificate,TC)证书。

(1) FDR 按照 CTSO - C124c 标准取得 CTSOA。

(2) FDRS 系统和其他设备随型号完成取证。

4.9.2　飞行数据记录系统的安装及拆卸

1) 安装及拆卸要求

产品的安装及拆卸必须在断开供电电源的情况下进行。

2) 安装限制

FA - 80M:无特别安装位置要求。

FB - 80M:应安装于飞机失事时易于保护的位置,如行李舱或尾梁。

FBQ - 80M:应安装于地勤人员易于操作的位置,如起落架舱。

CD - 39:CD - 39 应安装于飞机重心处。安装时将 CD - 39 装入平台支座安装孔中,底座上的安装基准线应与飞机轴向中心线重合或平行。必须保证飞机处于水平状态,然后用螺钉固紧,保证 CD - 39 安装牢固,并在螺钉头部点胶,以防螺钉松动。

3) 安装步骤

FA - 80M:采用 4 个 M5 螺钉将 FA - 80M 底板固定在座舱电子设备架上,然后拧上连接电缆。

FB - 80M:用 4 个 M5 螺钉将 FB - 80M 底板固定在行李舱或尾梁处,然后拧上连接电缆。

FBQ-80M:拧上 QAR 连接电缆,然后锁紧安装螺钉,将 FBQ-80M 安装在相应位置上。

CD-39:将 CD-39 装入平台支座安装孔中,底座上的安装基准线应与飞机轴向中心线重合或平行,用螺钉固定在飞机上,拧上连接电缆。

4)拆卸

FA-80M:断开连接电缆,松开 FA-80M 底板的 4 个固定螺钉即可将 FA-80M 从电子设备架拆下。

FB-80M:断开连接电缆,松开 FB-80M 底板的 4 个固定螺钉,即可将 FB-80M 从机上拆下。

FBQ-80M:将产品断电,拧开机上电缆插头,松开 4 个安装螺钉,然后将 FBQ-80M 从机上取下。

CD-39:断开连接电缆,卸下机上 4 个安装螺钉,取下 CD-39,即可将 CD-39 从飞机上拆下。

4.9.3 飞行数据记录系统的使用与维护

1)FDRS 装机后的检查

产品装入飞机后,在使用前应进行产品的机上检查。检查需要使用 FWJ-20D 外场检测处理机和 DZ-80M 型地面数据处理站。

具体检查方法如下:

(1)在 FDRS 断电条件下将 FWJ-20D 与维护插座相连接。

(2)给 FDRS 上电。

(3)给 FWJ-20D 上电。

(4)维护自检测:给 FWJ-20D 上电,运行 FGS-80M,执行维护自检测功能,查看自检结果。若所有项目显示正常,则本项目检查通过;否则相应产品存在故障。

(5)接口测试:运行 FGS-80M,执行"接口测试"功能,观察到的各参数数值应符合机上当前状态。

(6) 数据下载:进入 FGS-80M 下载界面,选择 FB-80M 或 FBQ-80M,在进度条读取完毕后,应可看到数据文件履历列表,选择所要下载的数据履历文件,点击"确定"下载数据,应能看到执行数据下载的进度画面并正常完成下载。

(7) 下载完毕后,将数据拷贝到数据转存卡(如 U 盘)。

(8) 将 U 盘送至 DZ-80M 地面站。

(9) 启动地面数据处理设备,拷贝数据转存卡的数据。

(10) 运行地面数据处理软件。

(11) 按界面提示完成预处理。

(12) 按界面提示完成数据还原。

(13) 以曲线、报表等形式显示还原后的数据。

(14) 对数据进行检查。

2) FDRS 飞行前的检查

每次飞行前都应确保驾驶舱综合显示器上未报出 FDRS 系统故障信息。

3) FDRS 飞行中的使用

在飞行过程中不需要对 FDRS 进行操作。

4) FDRS 飞行后的数据处理

每次飞行结束后,都应对 FBQ-80M QAR 记录的飞行数据进行处理。主要步骤如下:

(1) 产品断电后,将 FR-80M 数据卡从 FBQ-80M 上取下。

(2) 将 FR-80M 数据卡送至地面数据处理站。

(3) 将 FR-80M 数据卡与 DZ-80M 地面数据处理站的设备连接。

(4) 启动地面数据处理设备,运行地面数据处理软件,按界面提示读取 FR-80M 内的数据。

(5) 按界面提示完成预处理。

（6）按界面提示完成数据还原。

（7）以曲线、报表等形式显示还原后的数据。

（8）对数据进行检查。

5）定期检查

每半年应对 FB - 80M FDR 记录的飞行数据进行下载和处理，数据下载可在机上或 DZ - 80M 地面数据处理站内进行。

FB - 80M 在机上时进行数据处理的主要步骤如下：

（1）在断电条件下将地面检测设备（FWJ - 20D 外场检测处理机）与机上维护插座相连接。

（2）给机载设备上电。

（3）给地面检测设备上电，运行工作软件，并按照界面提示进行数据下载。

（4）将下载后的数据拷贝到数据转存卡（如 U 盘）。

（5）将数据转存卡送至 DZ - 80M 地面站。

（6）启动地面数据处理设备，拷贝数据转存卡的数据。

（7）运行地面数据处理软件。

（8）按界面提示完成预处理。

（9）按界面提示完成数据还原。

（10）以曲线、报表等形式显示还原后的数据。

（11）对数据进行检查。

也可以采用 QSX - 2A/(1)型手持式数据下载器进行机上数据下载，下载的主要步骤如下：

（1）在断电条件下将 QSX - 2A/(1)与机上维护插座相连接。

（2）给机载设备上电。

（3）给 QSX - 2A/(1)上电，运行工作软件，并按照界面提示进行数据下载。

（4）将下载后的数据拷贝到数据转存卡（如 U 盘）。

FB - 80M 在 DZ - 80M 地面数据处理站进行数据处理的主要步骤如下：

（1）将 FB-80M 从飞机上拆下。

（2）将 FB-80M 送至 DZ-80M 地面数据处理站。

（3）将 FB-80M 与 DZ-80M 地面数据处理站的设备进行连接。

（4）启动地面数据处理设备，运行地面数据处理软件，按界面提示读取 FB-80M 内的数据。

（5）按界面提示完成预处理。

（6）按界面提示完成数据还原。

（7）以曲线、报表等形式显示还原后的数据。

（8）对数据进行检查。

6）ULB 的检查和更换

ULB 在非工作状态下电池是有寿命的，寿命用尽后需更换。在 ULB 的标识上标识有寿命期限，用户需在此期限之前完成更换。ULB 的更换有两种方法，一种是整体更换，另一种是只更换电池。

4.10 AC313 直升机飞行记录系统

AC313 直升机是航空工业自主研制的大型民用直升机，于 2013 年下半年取得 CAAC 的 TC 证书并投入商业运营。

AC313 的飞行记录系统采用组合式飞行记录器系统架构，可实现以下功能：飞行数据的采集、转换、处理和传输；FDR 的功能；CVR 的功能；数据链信息的采集和记录；QAR 的功能。

4.10.1 概述

AC313 的飞行记录系统接收来自直升机传感器和各系统的飞行数据，采集驾驶舱话音信息，接收来自机内通话系统的话音信息，接收数据链系统的通信信息,经采集、转换后以数字数据形式记录在两个组合式记录器和 QAR 中。所采集的飞行数据满足局方对强制参数的要求,并增加了部分维护用的参数。飞行记录系统采集记录的参数约为 280 多个。

飞行记录系统组成如下所示。

(1) 1 台 FA‑80F FDAU。

(2) 2 台 FB‑80F 飞行数据及驾驶舱话音组合式记录器(CVFDR)。

(3) 1 台 FBQ‑80F QAR。

(4) 1 台 YK‑80F 音频监控器。

(5) 1 台 DY‑80F RIPS。

(6) 1 只 TAA。

AC313 直升机飞行记录系统组成设备外形如图 4‑43 所示。

图 4‑43　AC313 直升机飞行记录系统组成设备外形

CVFDR 具有防护能力,其坠毁保护性能满足 CTSO‑C123b 和 CTSO‑C124b 的要求。

飞行记录系统中各设备的安装如下所示。

(1) FDAU:安装在直升机无线电舱内。

(2) 1 号 CVFDR:安装在直升机尾梁。

(3) 2 号 CVFDR:安装在直升机设备舱。

（4）QAR：安装在直升机中央操纵台上。

（5）区域麦克风和前置放大器：安装在直升机中央操纵台上。

（6）RIPS：安装在直升机尾梁，与 1 号 CVFDR 安装在一起。

（7）TAA：安装在直升机重心位置。

其中 1 号和 2 号 CVFDR 中记录的数据完全相同。

AC313 直升机的飞行记录系统组成如图 4 - 44 所示。

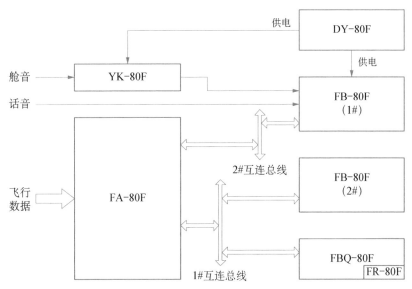

图 4 - 44 AC313 直升机的飞行记录系统组成

FDAU 通过外部接口采集飞行数据，将需要记录的数据通过设备间的互连总线分别发送给三个记录设备（2 台 CVFDR 和 1 台 QAR），并由后者完成记录功能。

承担 CVR 功能的 1♯FB - 80F 记录器除了完成飞行数据记录任务外，还通过音频接口采集来自 YK - 80F 音频监控器以及机上通话设备的驾驶舱音频信息和话音，并完成记录；CVDR 和音频监控器按照 CTSO - C123b 和 CTSO - C124b 标准取得 CTSOA。

YK - 80F 音频监控器通过内置的麦克风捕获驾驶舱音频信息，完成音-电转换后将信号发送给1♯FB-80F记录器。

DY-80F记录器独立电源为1♯FB-80F记录器、YK-80F音频监控器提供符合规章相关要求的电源,并按照CTSO-C155标准取得CTSOA。

2台CVFDR上均安装有ULB。

4.10.2　飞行数据采集器

FDAU是飞行记录系统的核心设备之一,它的主要任务是通过对外接口采集飞行参数,并将采集到的参数处理后发送给三个记录设备进行记录。FDAU参照ARINC 717进行设计。

FA-80F FDAU由电源转换模块、主计算机模块、接口模块等组成,接口模块由多个不同信号类型的接口模块组成,分别承担不同的任务,FA-80F FDAU内部结构如图4-45所示。

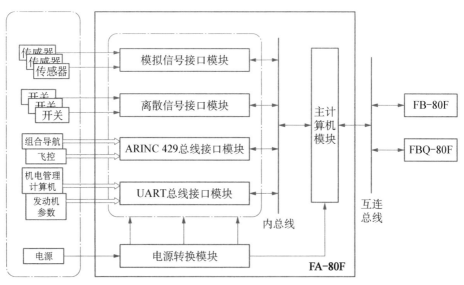

图4-45　FA-80F FDAU 内部结构

各接口模块负责采集相应类型信号或总线数据。主计算机模块从各接口模块获取采集的数据,并在完成数据打包后通过互连总线发送给记录设备进行记录。电源转换模块负责适配机上电源,并将其转换为 FA-80F 内部各功能模块的工作电源。

FDAU 主要技术指标如下所示。

(1) 接口。

a. 模拟信号接口:12 路。

b. 离散信号接口:64 路。

c. ARINC 429 总线接口:8 路。

d. UART 总线接口:4 路。

(2) 模拟信号采集精度:不大于±0.3%。

(3) 电源:+28 V 直流电。

(4) 功耗:不大于 30W。

(5) 外形尺寸:270 mm×132 mm×230 mm。

(6) 重量:5.4 kg(含安装托架)。

(7) 环境适应性:符合 RTCA/DO-160E。

4.10.3　飞行数据及驾驶舱语音组合式记录器

CVFDR 是 FRS 的另一核心设备,它的主要任务如下:

(1) 接收并记录来自 FDAU 的数据。

(2) 接收来自 YK-80F 音频监控器的驾驶舱音频信息,经转换和压缩后记录在存储模块中。

(3) 接收来自机内通话系统的话音数据,经转换和压缩后记录在存储模块中。

(4) 在直升机失事等意外情况发生时保护记录的数据。

(5) 在记录器落入水中时发出定位信息。

根据 CCAR-23 部和 CCAR-91 部的相关要求,FJ-80F CUFDR 包含两台 FB-80F 记录器,其中一台用于记录飞行数据,另一台除记录飞行数据外,还实现音频采集和记录功能。

FB-80F 记录器由电源转换模块、数据管理模块和存储模块组成,设备内部结构如图 4-46 所示。

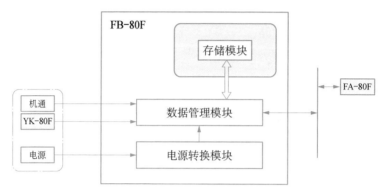

图 4-46 FB-80F 设备内部结构

数据管理模块一方面通过音频接口采集话音和座舱音频,另一方面还要通过互连总线接收采集器发送来的飞行数据。数据管理模块通过内部总线将收到的飞行数据和采集的音频数据记录到坠毁保护组件中的存储模块上。电源转换模块负责适配机上电源,并将其转换为数据管理模块的工作电源。

FB-80F 记录器主要技术指标如下所示。

(1) 接口。

a. 音频:4 路。

b. 互连总线接口:1 路。

(2) 记录时间:飞行数据不小于 25 h,音频不小于 2 h。

(3) 记录方式:循环记录,飞行数据不压缩。

(4) 随机出错率:不大于 10^{-7}。

(5) 启动/停止记录条件:产品上电启动记录,掉电停止记录。

(6) 坠毁保护性:符合 CTSO-C123b 和 CTSO-C124b。

(7) 电源:+28 V 直流电。

（8）功耗：不大于 10 W。

（9）外形尺寸：253 mm×120 mm×151 mm。

（10）重量：不大于 4.5 kg。

（11）环境适应性：符合 RTCA/DO－160E。

4.10.4　FBQ－80F 快速存取记录器和 FR－80F 数据卡

FBQ－80F QAR 和 FR－80F 数据卡主要用于日常运行期间获取飞行数据。与 FB－80F 记录器不同，FBQ－80F QAR 不具备坠毁保护能力，但它可以通过拔出内嵌的数据卡，实现数据的快速下载。FBQ－80F QAR 只记录飞行数据。

FBQ－80F QAR 由电源转换模块、通信和控制模块以及卡机构组成，设备内部结构如图 4－47 所示。

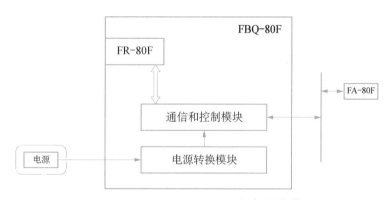

图 4－47　FBQ－80F 设备内部结构

通信和控制模块通过互连总线接收采集器发送来的飞行数据，并通过内部总线将收到的数据记录到数据卡上。电源转换模块负责适配机上电源，并将其转换为通信和控制模块的工作电源。

FBQ－80F QAR 和 FR－80F 数据卡主要技术指标如下所示。

（1）记录时间：飞行数据不小于 50 h。

（2）记录方式：循环记录，不压缩。

（3）随机出错率：不大于 10^{-7}。

（4）启动/停止记录条件：产品上电启动记录，掉电停止记录。

（5）数据卡插拔次数：不小于 3 000 次。

（6）电源：＋28 V 直流电。

（7）功耗：不大于 10 W。

（8）外形尺寸：169 mm×146 mm×57 mm。

（9）重量：不大于 1.3 kg（含一个数据卡）。

（10）环境适应性：符合 RTCA/DO‐160E。

4.10.5　DY‐80F 记录器独立电源

DY‐80F RIPS 在 FJ‐80F CUFDR 失去机上电源后仍可为 1 号记录器和 YK‐80F 音频监控器提供(10±1)min 的工作电源。

DY‐80F RIPS 主要由电源控制模块和储能模块组成，设备内部结构如图 4‐48 所示。

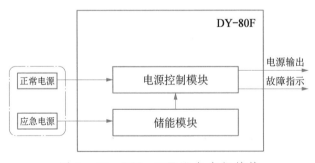

图 4‐48　DY‐80F 设备内部结构

电源控制模块对机上正常、应急两路电源进行表决，并将结果转变为输出；此外，模块还可以输出故障指示。储能模块在机上电源正常时充电，在机上电源异常（掉电）时输出。

DY‐80F 独立电源主要技术指标如下所示。

（1）从获得机上正常电源开始，充电 15 min 能提供 12 W 的电源（10±1）min。

（2）产品掉电 50 ms 内输出 12 W 的电源。

（3）电源：+28 V 直流电。

（4）功耗：不大于 5 W（非充电状态）。

（5）外形尺寸：194 mm×158 mm×98 mm。

（6）重量：不大于 2.5 kg。

（7）环境适应性：符合 RTCA/DO‑160E。

4.10.6　YK‑80F 音频监控器

YK‑80F 音频监控器主要用途有下列三个。

（1）采集驾驶舱的环境音，转换为电信号后，输出给 FB‑80F 记录器。

（2）响应人工启动音频记录测试，输出相应的信号给 FB‑80F 记录器，并将后者返回的音频信号输出给耳机插孔。

（3）响应人工启动音频数据擦除操作，输出相应的信号给 FB‑80F 记录器。

YK‑80F 音频监控器由麦克风、耳机插孔、擦除按钮、测试按钮、驱动电路等零部件组成，设备内部结构如图 4‑49 所示。

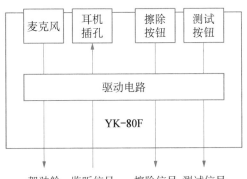

图 4‑49　YK‑80F 设备内部结构

麦克风内嵌在 YK‐80F 面板上,实现驾驶舱环境音采集功能。耳机插孔同样安装在 YK‐80F 面板上,实现监听信号输出(给耳机)功能。擦除按钮、测试按钮也安装在 YK‐80F 面板上,分别向后端输出擦除和测试信号。驱动电路用于调节麦克风输出的驾驶舱环境音信号、FB‐80F 记录器输出的监听信号以及两个按钮输出的擦除或测试信号

YK‐80F 音频监控器主要技术指标如下所示。

(1) 内嵌式麦克风 1 个。

(2) 音频监听输出 1 路。

(3) 电源:+28 V 直流电。

(4) 功耗:不大于 5 W。

(5) 外形尺寸:90 mm×146 mm×57 mm。

(6) 重量:不大于 0.5 kg。

(7) 环境适应性:符合 RTCA/DO‐160E。

4.10.7　系统安装及拆卸

1) 安装方式

FA‐80F FDAU:采用托架安装方式,无特殊安装位置要求,安装在直升机无线电舱内,托架采用 4 个 M5 螺钉固定在设备架上。

1 号 CVFDR:采用螺钉安装方式,安装在直升机尾梁处,底板用 4 个 M5 螺钉进行固定。

2 号 CVFDR:采用螺钉安装方式,安装在直升机设备舱中,底板用 4 个 M5 螺钉进行固定。

FBQ‐80F QAR:采用螺旋锁安装方式,安装于地勤人员易于操作的位置,且前面板应保持向上;安装在直升机中央操纵台上。

YK‐80F 音频监控器:采用螺旋锁安装方式,安装于地勤人员易于操作的位置,如直升机中央操纵台。

DY-80F RIPS:安装在直升机尾梁,与1号CVFDR安装在一起,底板用4个M5螺钉进行固定。

2)安装步骤

安装步骤如下:

(1) FA-80F FDAU:采用托架安装方式,即先将安装架固定在无线电舱的设备架上,然后将FA-80F推入安装架,用锁紧轮锁紧,最后拧上连接电缆。

(2) FB-80F CVFDR:底板用4个M5螺钉进行固定,连接到直升机上,然后拧上连接电缆。

(3) FBQ-80F QAR:先拧上FBQ-80F后连接电缆,然后锁紧安装锁扣,将FBQ-80F安装在中央操纵台上。

(4) FR-80F数据卡:采用插槽安装方式,先打开FBQ-80F数据卡舱门,将FR-80F的标识面朝上,顺着FBQ-80F定位槽将数据卡插入,然后关闭FBQ-80F的舱门。数据卡有防插错措施,正确插入后应听到锁紧销的"咔嗒"声;没有正确安装时,数据卡无法插入到位,FBQ-80F舱门也将无法关闭。

(5) YK-80F音频监控器:先拧上YK-80F后连接电缆,然后锁紧安装锁扣,将YK-80F音频监控器安装在中央操纵台上。

(6) DY-80F RIPS:底板用4个M5螺钉进行固定,连接到直升机上,然后拧上连接电缆。DY-80F属储能设备,安装时内部可能尚有能量,为确保设备安全,建议在FJ-80F等其他设备安装就绪后再进行DY-80F的安装。

3)拆卸步骤

拆卸步骤如下。

(1) FA-80F FDAU:断开连接电缆,松开锁紧轮,即可将FA-80F从安装架中拔出。

(2) FB-80F CVFDR:断开连接电缆,松开FB-80F底板的4个固定螺钉,即可将FB-80F从直升机上拆下。由于FB-80F尚有DY-80F短时储能供电,因此为确保设备安全,建议在确定机上供电停止至少10 min后再进行

FB-80F 的拆卸;或先断开 DY-80F 的连接电缆,再进行 FB-80F 的拆卸。

(3) FBQ-80F QAR:松开 FBQ-80F 面板上的 4 个锁扣,断开后连接电缆,即可将 FBQ-80F 从直升机上拆下。

(4) FR-80F 数据卡:打开 FBQ-80F 的数据卡舱门,向两边拨动锁紧销,数据卡将自动弹离 FBQ-80F 内部连接器,最后取出数据卡即可。

(5) YK-80F 音频监控器:松开 YK-80F 面板上的 4 个锁扣,断开后连接电缆,即可将 YK-80F 从直升机上拆下。由于 YK-80F 尚有 DY-80F 短时储能供电,因此为确保设备安全,建议在确定机上供电停止至少 10 min 后再进行 YK-80F 的拆卸;或先断开 DY-80F 的连接电缆,再进行 YK-80F 的拆卸。

(6) DY-80F RIPS:断开连接电缆,松开 DY-80F 底板的 4 个固定螺钉,即可将 DY-80F 从直升机上拆下。产品的安装和拆卸必须在断开供电电源的情况下进行。

4.10.8 系统使用

产品装入直升机后,应进行产品的机上检查。每次飞行前都应确保 FBQ-80F 中插有快速存取卡,飞行后取出记录有数据的快速存取卡送至地面站处理,同时插入另一个快速存取卡。

FB-80F 中的数据可通过 FZJ-1A 下载到地面数据处理站处理。FZJ-1A 主要用于产品装机后检查和定检。

系统工作原理如图 4-50 所示。

1) 飞行记录系统装机后的检查

产品装机后,需进行检查。检查通过 FZJ-1A 进行。主要步骤如下:

(1) 将 FZJ-1A 与维护插座连接;为方便地面维护工作,在直升机内部易于操作的位置设置了 FDRS 专用维护插座。

(2) 给飞行记录系统产品上电。

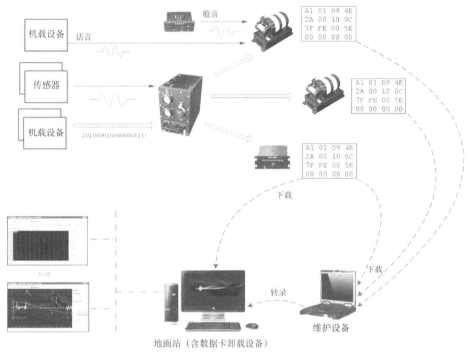

图 4 - 50　系统工作原理

（3）给 FZJ - 1A 上电。

（4）维护自检测：运行 FZJ - 1A 中的维护软件，执行"系统自检"功能，应提示无故障；若提示故障，则应根据故障提示进行排查，直至排除故障。

（5）采集性能检查：启动 FZJ - 1A 中的维护软件，执行"接口测试"功能，各参数数值应当符合机上当前状态。

（6）音频通道检测：将配套的地面检测耳机插入音频监控器面板的音频监测耳机插孔，然后对着音频监控器的拾音器讲话，同时通过耳机监听声音，应监听到清晰可懂的声音。

（7）数据下载：退出实时监视界面，执行 FZJ - 1A 中的维护软件中的"数据下载"功能，分别按履历下载所需的记录器和 QAR 中的记录数据。

（8）数据拷贝：将下载的数据拷贝到数据转存卡（如 U 盘）中。

（9）数据处理检查：将数据转存卡的数据送至 DZ - 80F 地面数据处理站中

进行处理,处理后的数据应与记录过程中直升机的状态相符。

如果需要进一步检查音频通道的采集记录情况,则需要处理在机上检查过程中所记录的音频数据,需要将 FB‐80F 记录器从直升机上拆下,送至 DZ‐80F 地面站进行处理。

DZ‐80F 地面维护及数据处理软件主界面如图 4‐51 所示。

图 4‐51　DZ‐80F 地面维护及数据处理软件主界面

2) 飞行记录系统飞行前的检查

每次飞行前都须对飞行记录系统进行飞行前检查,具体内容包括下列方面。

(1) 产品处于正常工作状态:给飞行记录系统上电,观察飞行记录系统应无故障指示。

(2) 音频通道检查:将配套的地面检测耳机插入音频监控器面板的音频监测耳机插孔,然后对着音频监控器的拾音器讲话,同时通过耳机监听声音,应监听到清晰可懂的声音。

3) 飞行记录系统在飞行中的使用

FB‐80F CVFDR 设计为上电启动记录,断电停止记录。因此,在日常使用时,仅需要飞机向系统提供工作电源即可。飞行记录系统在获得工作电源后,将自动完成飞行数据、话音和舱音的采集、记录任务,其间无须人工操作或干预。

在 FBQ-80F QAR 的面板上设置有事件按钮,在飞行过程中有事件发生时,驾驶员可按下事件按钮,在飞行数据中打入事件标记。在处理地面数据时,可根据事件标记快速定位事件发生的时刻,为数据分析提供帮助。

4)飞行记录系统在飞行后的工作

每次飞行结束后,驾驶员或地勤人员可按下 YK-80F 面板上的擦除按钮,以擦除所记录的音频信息。

每次飞行结束后,应对 FBQ-80F QAR 记录的飞行数据进行处理。主要步骤如下:

(1)产品断电后,将 FR-80F 数据卡从 FBQ-80F 上取下。

(2)将 FR-80F 数据卡送至地面数据处理站。

(3)将 FR-80F 数据卡与 DZ-80F 地面数据处理站的设备连接。

(4)启动地面数据处理设备,运行地面数据处理软件,按界面提示读取 FR-80F 内的数据。

(5)按界面提示完成预处理。

(6)按界面提示完成数据还原。

(7)以曲线、报表等形式显示还原后的数据。

(8)对数据进行检查。

5)定期检查

每半年应对 FB-80F 记录器记录的飞行数据和音频数据进行下载和处理。飞行数据下载可在机上或 DZ-80F 地面数据处理站内进行,对于音频数据的下载只能在地面数据处理站内进行。

FB-80F 在机上时进行数据处理的主要步骤如下:

(1)在断电条件下将地面检测设备(FZJ-1A 综合检测仪)与机上维护插

座进行连接。

（2）给机载设备上电。

（3）给地面检测设备上电，运行工作软件，并按照界面提示下载数据。

（4）将下载后的数据拷贝到数据转存卡（如 U 盘）。

（5）将数据转存卡送至 DZ - 80F 地面站。

（6）启动地面数据处理设备，拷贝数据转存卡的数据。

（7）运行地面数据处理软件。

（8）按界面提示完成预处理。

（9）按界面提示完成数据还原。

（10）以曲线、报表等形式显示还原后的数据。

（11）对数据进行检查。

也可以采用 QSX - 2A/(1) 型手持式数据下载器进行机上数据下载，其下载的主要步骤如下：

（1）在断电条件下将 QSX - 2A/(1) 与机上维护插座进行连接。

（2）给机载设备上电。

（3）给 QSX - 2A/(1) 上电，运行工作软件，并按照界面提示进行数据下载。

（4）将下载后的数据拷贝到数据转存卡（如 U 盘）中。

FB - 80F 在 DZ - 80F 地面数据处理站进行数据处理的主要步骤如下：

（1）将 FB - 80F 从飞机上拆下。

（2）将 FB - 80F 送至 DZ - 80F 地面数据处理站。

（3）将 FB - 80F 与 DZ - 80F 地面数据处理站的设备进行连接。

（4）启动地面数据处理设备，运行地面数据处理软件，按界面提示读取 FB - 80F 内的飞行数据和音频数据。

（5）按界面提示完成预处理。

（6）按界面提示完成数据还原。

（7）以曲线、报表等形式显示还原后的飞行数据；并对数据进行检查。

（8）播放所记录的音频数据，对音频数据进行监听检查。

（9）亦可同步回放飞行数据和音频数据，进行同步检查。

6）ULB 的检查和更换

ULB 在非工作状态下电池是有寿命的，寿命用尽后需进行更换。在 ULB 的标识上标识有寿命期限，用户需在此期限之前完成更换。ULB 的更换有两种方法，一种是整体更换；另一种是只更换电池。

附录 1　固定翼飞机 I 型和 II 型飞行数据记录器规范

（对应 CCAR - 91 部附录 E《飞机飞行数据记录器规范》

的"飞机 I 型和 II 型飞行数据记录器规范"）

序号	参数名称	测量范围	记录间隔/s	精度限制
1	时间	24 h	4	$\pm 0.125\%/h$
2	气压高度	$-300 \sim 1\ 500$ m	1	$\pm 30 \sim \pm 200$ m
3	指示空速	95 km/h～最大 V_{S_0}（注 1） $V_{S_0} \sim 1.2\ V_D$（注 2）	1	$\pm 5\%$ $\pm 3\%$
4	航向	$360°$	1	$\pm 2°$
5	垂直加速度	$-3\ g \sim 6\ g$	0.125	最大范围的 $\pm 1\%$，不包括原始数据误差的 5%
6	俯仰姿态	$\pm 75°$	1	$\pm 2°$
7	横滚姿态	$\pm 180°$	1	$\pm 2°$
8	无线电发射键	通-断（离散量）	1	

序号	参数名称	测量范围	记录间隔/s	精度限制
9	每台发动机功率（注3）	全程	1	±2%
10	后缘襟翼或驾驶舱的控制选择	全程或每一离散位置	2	±5%或按照驾驶员指示器的读数
11	前缘襟翼或驾驶舱的控制选择	全程或每一离散位置	2	±5%或按照驾驶员指示器的读数
12	反推位置	收回、过渡和展开	1	
13	地面扰流板和速度刹车选择	全程或每一离散位置	1	±2%,除非要求更高的精度
14	外界大气温度	传感器范围	2	±2℃
15	自动驾驶仪、自动油门、自动飞行控制系统方式和衔接状态	离散量的适当组合	1	
16	纵向加速度	±1g	0.25	最大范围的±1.5%,不包括原始数据误差的±5%
17	横向加速度	±1g	0.25	最大范围的±1.5%,不包括原始数据误差的±5%
18	驾驶员的输入和控制舵面位置-主控制（俯仰、横滚、偏航）（注4）	全程范围	1	±2°,除非要求更高的精度
19	俯仰配平位置	全程范围	1	±3%,除非要求更高的精度
20	无线电高度	−6～750 m	1	在低于150 m时,±0.6 m或±3%（取较大值）;在高于150 m时,±5%
21	下滑道偏离	信号作用范围	1	±3%

（续表）

序号	参数名称	测量范围	记录间隔/s	精度限制
22	航向道偏离	信号作用范围	1	±3%
23	通过指点信标	离散量	1	
24	主警告	离散量	1	
25	导航 1 和导航 2 的频率选择（注 5）	全程	4	按照安装情况
26	测距机 1 和 2 的距离（注 5 和注 6）	≤370 km	4	按照安装情况
27	起落架邻近电门状态	离散量	1	
28	近地警告系统	离散量	1	
29	迎角	全程	0.5	按照安装情况
30	每一液压系统（低压）	离散量	2	
31	导航数据（经度和纬度、地速和偏流角）（注 7）	按照安装情况	1	按照安装情况
32	起落架或起落架选择手柄	离散量	4	按照安装情况

注 1：V_{S_0} 是指着陆构型下的失速速度或最小稳定飞行速度。

注 2：V_D 是指设计俯冲速度。

注 3：记录足够的输入信息以确定功率。

注 4：对于传统控制系统的飞机，采用"或"关系；对于非机械控制系统的飞机，采用"和"关系；对于采用了分裂式舵面的飞机，可以采用输入信息的适当组合分别记录每一舵面的位置。

注 5：如果有可用的数字形式信号。

注 6：首选应记录来自惯性导航系统或其他导航系统的经度和纬度。

注 7：如果信号易于采用。

如果有更多的记录容量，则应当考虑下述附加信息。

（1）来自电子显示系统，如电子飞行仪表系统、航空器中央电子监视系统及发动机指示和机组告警系统的工作信息，采用下述优先顺序。

a. 如果没有记录来自其他信息源的相关信息，则应记录由飞行机组选择的、与预期飞行航迹相关的参数,如气压高度设定、选择高度、选择空速、决断高度以及自动飞行系统衔接和方式的指示。

b. 显示系统的选择和状态,如航段(SECTOR)、计划(PLAN)、360°罗盘(ROSE)、导航(NAV)、气象(WXR)、复合(COMPOSITE)、拷贝(COPY)等。

c. 警告和告警。

d. 在执行应急程序和检查单的情况下,所显示页面的识别。

(2) 包括有关所施加刹车的制动信息,用于着陆时冲出跑道和中断起飞的调查。

(3) 附加发动机信息(发动机压力比、高压涡轮转速、排气温度、燃油流量等)。

附录 2　固定翼飞机ⅠA型飞行数据记录器规范

(对应 CCAR - 91 部附录 E《飞机飞行数据记录器规范》的

"飞机的ⅠA型飞行数据记录器规范")

在下述规范中,没有(＊)标记的参数是强制要求记录的,对于有(＊)标记的参数,如果飞机系统或操纵飞机的飞行机组使用了该参数的信息数据源,则要求记录该参数。

1. 气压高度

2. 指示空速或校准空速

3. 空-地状态和每一起落架的空地传感器,如适用

4. 全温或外部大气温度

5. 航向 (飞行机组主参考)

6. 垂直加速度

7. 横向加速度

8. 纵向加速度(机轴)

9. 时间或相对时间计算

10. 导航数据*:偏流角、风速、风向、纬度和经度

11. 地速*

12. 无线电高度*

13. 俯仰姿态

14. 横滚姿态

15. 偏航或侧滑角*

16. 迎角*

17. 发动机推力和功率:每台发动机的推力和功率,驾驶舱油门和推力杆位置

18. 反推状态*

19. 发动机推力指令*

20. 发动机推力目标*

21. 发动机引气活门位置*

22. 附加发动机参数*:发动机压气比、N1、指示的震动级别、N2、发动机排气温度、油门杆角度、燃油流量、燃油关断手柄位置、N3

23. 俯仰配平舵面位置

24. 襟翼*:后缘襟翼位置,驾驶舱控制选择

25. 缝翼*:前缘襟翼(缝翼)位置,驾驶舱控制选择

26. 起落架*:起落架或起落架选择手柄的位置

27. 偏航配平舵面位置*

28. 横滚配平舵面位置*

29. 驾驶舱俯仰配平控制输入的位置*

30. 驾驶舱横滚配平控制输入的位置*

31. 驾驶舱偏航配平控制输入的位置*

32. 地面扰流板和速度刹车*：地面扰流板位置、地面扰流板的选择、速度刹车位置、速度刹车的选择

33. 除冰和防冰系统的选择*

34. 液压压力（每一系统）*

35. 燃油量*

36. 交流电汇流条状态*

37. 直流电汇流条状态*

38. 辅助动力装置引气活门位置*

39. 计算重心*

40. 警告

41. 主飞行控制舵面和驾驶员的主飞行控制输入：俯仰轴、横滚轴、偏航轴

42. 通过指点信标

43. 每一导航接收机的频率选择

44. 人工无线电发射键控和 CVR、FDR 同步基准

45. 自动驾驶仪、自动油门、自动飞行控制系统方式和接通状态*

46. 选择的大气压力设定*：机长、副机长

47. 选择高度（驾驶员可选择的所有工作模式）*

48. 选择速度（驾驶员可选择的所有工作模式）*

49. 选择马赫数（驾驶员可选择的所有工作模式）*

50. 选择垂直速度（驾驶员可选择的所有工作模式）*

51. 选择航向（驾驶员可选择的所有工作模式）*

52. 选择航迹（驾驶员可选择的所有工作模式）*：航线和预期航迹，航迹角

53. 选择决断高*

54. 电子飞行仪表系统显示格式*：机长、副机长

55. 多功能、发动机、告警显示模式*

56. 近地警告系统、地形提示和警告系统、地面避撞系统状态*：地形显示

模式的选择(包括自动显示状态)、地形告警、警戒和警告以及咨询和开关电门位置

57. 低压警告* :液压压力、气压压力

58. 计算机失效*

59. 客舱失压*

60. 空中交通防撞系统和机载防撞系统*

61. 结冰探测*

62. 每台发动机的震动警告*

63. 每台发动机的超温警告*

64. 每台发动机的滑油低压警告*

65. 每台发动机的超速警告*

66. 风切变警告*

67. 操纵失速保护,抖杆器和推杆器的触发*

68. 驾驶舱内所有的飞行控制输入力* :方向盘、操纵杆、方向舵脚蹬的驾驶舱输入力

69. 垂直偏差* :仪表着陆系统下滑道,微波着陆系统倾角,全球导航卫星系统近进航道

70. 水平偏差* :仪表着陆系统航向道,微波着陆系统方位角,全球导航卫星系统近进航道

71. 测距装置 1 和 2 的距离*

72. 主导航系统参照* :全球导航卫星系统,惯性导航系统,全向信标/测距装置,微波着陆系统,罗兰 C,仪表着陆系统

73. 刹车* : 左、右刹车压力,左、右刹车脚蹬位置

74. 日期*

75. 事件记录标志*

76. 平视显示使用中*

77. 辅助目视显示工作中*

附录 3　直升机Ⅳ型和Ⅴ型飞行数据记录器规范

（对应 CCAR‐91 部附录《直升机飞行数据记录器规范》的

"直升机Ⅳ型和Ⅴ型飞行数据记录器规范"）

序号	参数名称	测量范围	记录间隔/s	精度限制
1	时间	24 h	4	$\pm 0.125\%$/h
2	气压高度	$-300\sim 1\,500$ m	1	$\pm 30\sim \pm 200$ m
3	指示空速	同安装的测量系统	1	$\pm 3\%$
4	航向	$360°$	1	$\pm 2°$
5	垂直加速度	$-3\,g\sim 6\,g$	0.125	$\pm 1\%$
6	俯仰姿态	$\pm 75°$	0.5	$\pm 2°$
7	横滚姿态	$\pm 180°$	0.5	$\pm 2°$
8	无线电发射键	通-断（离散量）	1	
9	每台发动机功率（注 1）	全程	1	$\pm 2\%$
10	主旋翼转速	$50\%\sim 130\%$	0.5	$\pm 2\%$
11	驾驶员的输入和控制舵面位置-主控制（总桨距、纵向桨距、横向桨距、尾桨脚蹬）（注 2）	全程范围	1	$\pm 2\%$，除非要求更高的精度
12	每一液压系统（低压）	离散量	2	
13	外界大气温度	传感器范围	2	$\pm 2℃$

（续表）

序号	参数名称	测量范围	记录间隔/s	精度限制
14	自动驾驶仪、自动油门、自动飞行控制系统方式和衔接状态	离散量的适当组合	1	
15	增稳系统的接通	离散量	1	
16	主减速箱的滑油压力	按照安装情况	1	按照安装情况
17	主减速箱的滑油温度	按照安装情况	2	按照安装情况
18	偏航加速度（或偏航速率）	±1 g	0.25	最大范围的±1.5%，不包括原始数据误差的±5%
19	吊挂负载力	审定负载的 0%～200%	0.5	最大范围的±3%
20	纵向加速度	±1 g	0.25	最大范围的±1.5%，不包括原始数据误差的±5%
21	横向加速度	±1 g	0.25	最大范围的±1.5%，不包括原始数据误差的±5%
22	无线电高度	−6～750 m	1	在低于 150 m 时，±0.6 m 或±3%（取较大值）；在高于 150 m 时，±5%
23	下滑道偏离	信号作用范围	1	±3%
24	航向道偏离	信号作用范围	1	±3%
25	通过指点信标	离散量	1	
26	主警告	离散量	1	
27	导航 1 和导航 2 的频率选择（注 3）	全程	4	按照安装情况

序号	参数名称	测量范围	记录间隔/s	精度限制
28	测距机 1 和 2 的距离（注 3 和注 4）	≤370 km	4	按照安装情况
29	导航数据（经度、纬度、地速）（注 5）	按照安装情况	2	按照安装情况
30	起落架或起落架选择手柄	离散量	4	按照安装情况

注 1：记录足够的输入信息以确定功率。
注 2：对于传统控制系统的直升机，采用"或"关系；对于非机械控制系统的直升机，采用"和"关系。
注 3：如果有可用的数字形式信号。
注 4：首选应记录来自惯性导航系统或其他导航系统的经度和纬度。
注 5：如果信号易于采用。

如果有更多的记录容量，则应当考虑下述附加信息。

（1）来自电子显示系统，如电子飞行仪表系统、航空器中央电子监视系统和发动机指示及机组告警系统的工作信息，采用下述优先顺序。

a. 如果没有记录来自其他信息源的相关信息，则应记录由飞行机组选择的、与预期飞行航迹相关的参数，如气压高度设定、选择高度、选择空速、决断高度以及自动飞行系统衔接和方式的指示。

b. 显示系统的选择和状态，如航段（SECTOR）、计划（PLAN）、360°罗盘（ROSE）、导航（NAV）、气象（WXR）、复合（COMPOSITE）、拷贝（COPY）等。

c. 警告和告警。

d. 在执行应急程序和检查单的情况下，所显示页面的识别。

（2）包括有关所施加刹车的制动信息，用于着陆时冲出跑道和中断起飞的调查。

（3）附加发动机信息（发动机压力比、高压涡轮转速、排气温度、燃油流量等）。

附录 4　直升机ⅣA 型飞行数据记录器规范

（对应 CCAR - 91 部附录《直升机飞行数据记录器规范》的
"直升机ⅣA 型飞行数据记录器规范"）

在下述规范中，没有(＊)标记的参数是强制要求记录的，对于有(＊)标记的参数，如果直升机系统或操纵直升机的飞行机组使用了该参数的信息数据源，则要求记录该参数。

1. 气压高度

2. 指示空速

3. 外部大气温度

4. 航向

5. 垂直加速度

6. 横向加速度

7. 纵向加速度（机轴）

8. 时间或相对时间计算

9. 导航数据＊:偏流角、风速、风向、纬度和经度

10. 无线电高度＊

11. 俯仰姿态

12. 横滚姿态

13. 偏航率

14. 每台发动机的功率:自由动力涡轮转速（N_f）、发动机扭矩、发动机燃气发生器转速（N_g）、驾驶舱功率控制的位置

15. 旋翼:主旋翼转速、旋翼刹车

16. 主减速箱滑油压力＊

17. 减速箱滑油温度＊:主减速箱滑油温度、中间减速箱滑油温度、尾桨减

速箱滑油温度

18. 发动机的排气温度（T_4）*

19. 涡轮入口温度（T_{IT}）*

20. 起落架或起落架选择手柄的位置*

21. 燃油含量*

22. 结冰传感器含水量*

23. 液压压力低

24. 警告

25. 主飞行控制：驾驶员输入和操纵输出位置、总桨距、纵向桨距、横向桨距、尾桨脚蹬、可控全动式水平尾翼、液压选择

26. 通过指点信标

27. 每一导航接收机的频率选择

28. 自动飞行控制系统的方式和衔接状态*

29. 增稳系统的衔接*

30. 指示的吊挂负载力*

31. 垂直偏差*：仪表着陆系统下滑道、微波着陆系统标高、全球导航卫星系统进近航道

32. 水平偏差*：仪表着陆系统航向道、微波着陆系统方位角、全球导航卫星系统进近航道

33. 测距装置（DME）1 和 2 的测量距离*

34. 高度变化率*

35. 直升机状况和使用监视系统*：发动机数据、金属屑探测器、桨叶同步、离散的超限值、宽带平均发动机振动

5

民用飞机飞行记录
系统标准和适航审定

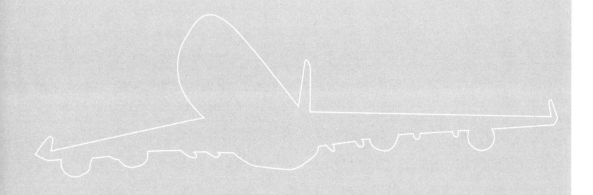

适航即适航性(airworthiness)的简称,是指在预期的适用环境中及在经申请并被核准的使用限制之内运行时,航空器(包括其部件和子系统、性能和操纵特点)的安全性和物理完整性。

本章介绍了合格审定与适航取证的基本概念与基本流程,并以 FDR 为例,详细介绍了进行单独适航取证时应遵循的管理要求、适用的技术、符合性验证方法,针对飞行记录器在飞机失事时坠毁保护能力的适航要求,详细介绍了坠毁保护试验方法。

5.1 合格审定与适航取证

从 20 世纪 40 年代开始,飞行事故频繁发生,引起了公众关注。事故调查逐渐受人们重视,美国 CAB 前后三次研究并起草过安装用于事故调查为目的的飞行记录器的民用航空法规,最终于 1957 年发布了真正意义上适航当局用于合格审定的法规。该法规规定了一定重量和飞行高度的飞机必须安装带有坠毁保护功能的记录器,记录器至少需要记录符合规定数量和参数特性的飞行数据,且必须符合规定的最低技术标准。该法规具有强制性执行的特性,将符合法规要求的记录器安装到符合法规要求的航空器上,是这些航空器进行商业运营的条件之一。

在之后的 60 年发展过程中,适航当局对民机飞行记录系统的审定规定逐步细化,从航空器审定规定到运行审定规定的规章中均对不同种类的航空器安装不同功能的记录器的情况用专门的条款进行了细致的描述。除此之外,还对应了不同的 TSO,规范了记录器的功能性能与适航审定要求。这些规章和技术标准为适航当局提供了可评价、可测量的制造商设计与制造的产品的最低可接受安全水平,从而最终达到符合适航当局管理、公众期望、航空业需要的目的。

一个制造商需要通过规定的审定流程提出适航取证申请,并通过适航当局的合格审定审查,才能获得适航当局的批准。适航认证即航空器及其零部件的合格审定,其零部件包括设计符合性批准过程和生产符合性批准过程。

中国于 1987 年参照美国的模式成立了适航司,建立了中国民用航空规章(Chinese civil aviation regulations,CCAR)体系(见图 5 - 1),开始了航空器和机载设备的适航合格审定的管理。FDR 的合格审定采用独立适航取证的批准方式进行,是国内第一个申请此类证件的机载设备,取证是在适航当局建章立制、合格审定与制造商的管理制度、设计制造、验证试验条件建设下并行开展的。1991 年,当中国第一个 CTSOA 颁布的时候,国内已完善了记录器的合格审定规定,这些是当时国内外业界的成熟实践与飞行事故经验教训提炼出的对记录器需求的体现。虽然规章和技术标准与规定随着技术发展和时间更迭不断更新换版,但适航当局所建立的管理制度是完备的。制造商通过了解规章和技术标准与规定,理解飞行记录系统的审定规定要求,可以尽快获得适航批准,取得安装到航空器上的资格。

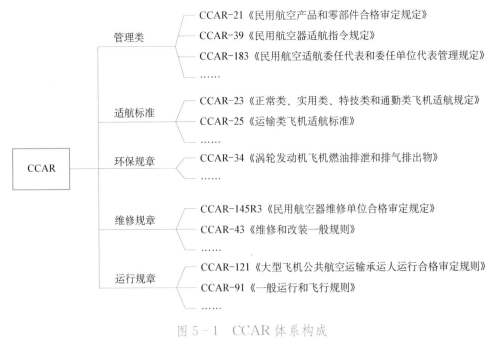

图 5 - 1　CCAR 体系构成

5.2 适航取证基本流程

现代飞行记录系统已不局限于具有坠毁保护功能的黑匣子,它已成为一种系统地实现对飞行数据、音频数据、视频数据和数据链数据采集、处理、记录、数据还原的复杂系统,包含机载设备、地面维护设备、数据处理设备。因此,飞行记录系统在策划适航取证时,必须区别需要或适用于适航取证的产品与不需要适航取证的产品,确定取证产品的基本构型。制造商应结合自身的设计保证能力、质量系统管理水平、申请项目的规模、复杂程度和成熟度做出合理的取证决策。

飞行记录系统中的机载设备必须进行适航取证,一般分为前期准备阶段工作、取证阶段工作、证后工作,适航取证一般活动流程如图 5-2 所示。

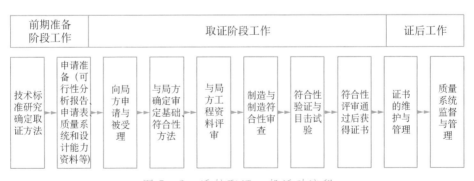

前期准备阶段工作		取证阶段工作						证后工作	
技术标准研究确定取证方法	申请准备(可行性分析报告、申请表、质量系统和设计能力资料等)	向局方申请与被受理	与局方确定审定基础、符合性方法	与局方工程资料评审	制造与制造符合性审查	符合性验证与目击试验	符合性评审通过后获得证书	证书的维护与管理	质量系统监督与管理

图 5-2 适航取证一般活动流程

前期准备阶段的工作主要有研究飞行记录系统的技术标准,研究适用取证方法,开展取证项目的研发工作和验证工作,使得取证项目达到一定的成熟度。

确定取证方法可确认取证项目的责任主体,做好前期项目策划。飞行记录系统类产品均属于 CCAR-21 部规章中定义的"零部件",可适用的适航取证批准方式有五种。其中，CTSOA 和零部件制造人批准书（part manufacturer approval，PMA）都是单独适航取证方式，取证责任主体是设备制造商；随 TC、补充型号合格审定（supplement type certificate，STC）、改装设计批准合格审定（modification design approval，MDA）和随型号认可合格审定（verification of type certificate，VTC）、补充型号认可合格审定（verification supplement of type certificate，VSTC）的都是随机适航取证方式，取证责任主体是航空器的制造商。

具体的证书批准方式如下所示。

（1）CTSOA。

（2）PMA。

（3）随民用航空产品的 TC、STC 或 MDA 一起批准。

（4）VTC 或 VSTC 一起批准。

（5）民航局规定的其他方式。

取证阶段的工作主要有申请、受理、合格审定、批准。这期间的活动都是与适航当局互动的，申请人提出申请，适航当局确定是否受理；在受理后，适航当局会成立审查组，制造商会有专人或专门的团队与审查组建立联络、沟通协调，逐步完成合格审定工作；在完成最后的符合性审查后，审查组会代表适航当局决定是否可以批准这个被审查项目，并报适航当局的适航审定部门审查，审查通过后将颁发证书。

证后工作主要有证书管理、产品更改管理、质量管理、委任代表管理等。中国局方主要采用证件方式进行适航管理，制造商对应的活动主要围绕证书的完好性和有效性进行，例如定期接受适航当局的复审，及时处置产品故障和缺陷，按适航当局要求推荐、使用委任代表，对生产过程进行全面质量管理。这个过程与制造商所生产的产品和所安装的航空器服役的时间长短息息相关。

5.3 单独适航取证

在一般情况下，航空机载系统和设备适用的适航取证方式包括单独取证和随机取证两种方式。单独取证是指按照 CTSO 要求进行的合格审定，针对功能相对独立的设备而制订（不针对具体的飞机型号）。随机取证是指随飞机的 TC 审定一起进行的合格审定（非 CTSO 设备采取随机取证方式）。

飞行记录系统包括 CTSO 设备和非 CTSO 设备。如 FDR 和 CVR 等是 CTSO 设备；FDAU 和 QAR 以及配套的 TAA 等是非 CTSO 设备。

以 FDR 为例，下面的章节将对单独适航取证中应遵循的管理要求和适用的技术要求进行详细介绍。

5.3.1 应遵循的管理要求

不论哪种取证方式，CCAR - 21 部《民用航空产品和零部件合格审定规定》都是 CAAC 对制造商合格审定的依据，也是制造商应遵循的适航取证法规规定。

CCAR - 21 部是中国民用航空以证件管理为基础的管理类法规，适用于民用航空产品和零部件的合格审定，包括设计的合格审定、生产的合格审定、持续适航的合格审定、证件的使用与管理等规定，分门别类，以条款的方式逐条表述，最终的目的是使民用航空产品和零部件的适航性得到保证。飞行记录系统适航取证所涉及的 CCAR - 21 部相关条款如表 5 - 1 所示。

表 5 - 1　飞行记录系统适航取证所涉及的 CCAR - 21 部相关条款

条款		说　明
21.5	故障、失效和缺陷的报告	这是对民用航空产品和零部件的通用管理要求，针对设计或生产类证件持有人，要求设计批准的持有人建立系统，收集、调查和分析其设计的民用航空产品或零部件出现的故障、失效和缺陷。同时，设计的责任主体负责向局方报告

条款		说　明
21.137	质量系统	所有制造商都要建立质量系统,其定义了主要的岗位角色和必须履行的职责,有设计资料控制、文件控制、人员能力和资格、供应商控制、制造过程控制、检验和试验、设备校准、不合格的控制、纠正和预防措施、搬运和存储、质量记录、内部审核、航空器维护、使用反馈等十七大类的要求
21.301~21.320	第9章　零部件制造人批准书	一种单独取证方式,包括设计批准和生产批准。制造商为了将自己所生产的零部件安装到已经获得型号合格证书的民用航空产品上作为加装件或更换件使用,或者为已获得装机批准的所有技术标准项目中零部件的替换件,有明确的安装机型
21.351~21.371	第10章　技术标准规定项目批准书和设计批准认可证	一种单独取证方式,包括设计批准和生产批准。有技术标准规定,制造商的设计制造符合技术标准规定可以获得证书;安装机型不限,装机时需获得安装批准
21.423	PMA件、CTSO件和关键件的标牌或标记	对零部件的标牌、标记的规定,民机飞行记录系统类产品必须在设计制造的产品上标识标记
21.471~21.489	第14章　设计保证系统	要求设计批准的持有人具有设计保证能力,并定义了主要的岗位角色和职责,有设计保证能力清单、设计保证系统更改、设计更改、监督检查的要求
21.601~21.631	第16章　法律责任	对行政处罚的规定,针对每种违反规章的行为,根据违法情节严重程度处以警告、罚金、吊销证件等规定

　　在规章之下,适航当局还颁布了一系列的规范性文件作为规章的延伸要求。规范性文件虽不具有法律效力,但也是行业内通过实践所获得的经验,除非有更好的替代方法,否则制造商都应该遵循。规范性文件是指"中国民航局机关各职能厅、室、司、局,为了落实法律、法规、中国民航局规章和政策的有关规定,在其职责范围内制定,经中国民航局局长授权,由职能部门主任、司长、局长签署下发的有关民用航空管理方面的文件"。规范性文件包括管理程序、咨

询通告、管理文件、信息通告、工作手册五类。

管理程序是适航当局下发的有关民航规章的实施办法或具体管理程序,是局方从事管理工作及制造商应当遵守的行为规则。在民机飞行记录系统的合格审定与适航取证过程中,AP-21-06《民用航空材料、零部件和机载设备的合格审定程序》、AP-21-03《航空器型号合格审定程序》、AP-21-04《生产许可审定和监督程序》是常用的管理程序。AP-21-06 是 CTSOA 和 PMA 等独立取证的批准程序,AP-21-03 包含随机批准的程序,AP-21-04 是生产批准的程序,针对不同取证方式可以参考不同的管理程序。

咨询通告是适航当局下发的,对民航规章条款所做的具体阐述或规定,这些咨询通告不仅仅包括由中国适航当局颁布的,也包括由 FAA 颁发的针对技术标准条款的解释,例如 RTCA/DO-254 的咨询通告 AC 20-152 是 FAA 对微编码器(ASIC 集成电路、PLD 编程逻辑电路、FPGA 可编程门阵列等)的适航合格审定指导,RTCA/DO-160 的版本 D、E、F 和 G 的咨询通告 AC 21-160G 是对 RTCA/DO-160G 及之前各个版本变化内容的说明,方便局方和制造商使用标准。针对民用航空业的这种国际化、持续变革的特点,制造商需要关注国际上主要民航组织和机构的适航要求的变化,融会贯通到设计或者管理中,才能做好适航取证工作。

管理文件是适航当局下发的,对民用航空管理工作的重要事项做出的通知、决定或政策的说明。

信息通告是适航当局下发的,反映民用航空活动中出现的新情况以及国内外有关民航技术存在的问题的通报文件。

工作手册是适航当局下发的,规范和指导民航行政机关人员具体行为的文件。

上述这些文件也是制造商在合格审定时建立管理体系或管理过程中应该持续关注的,他们是适航当局向公众提供的当前政策变化、行业活动规范要求、未来发展趋势的一种体现。

总而言之,飞行记录系统的制造商必须符合 CCAR-21,尽可能地满足其

延伸的程序性文件所规定的设计能力和制造能力要求;同时,制造商根据自身
发展需要及产品的转让协议和复杂程度,可形成不同的设计能力和制造能力。例
如,制造商除了在设计 FDAU、FDR 和 QAR 等有软件的机载设备时必须遵循
DO-178 中相应安全等级软件的管理要求外,又想在企业的软件产业上规模化,
如果制造商按照软件能力成熟度集成模型选择并建立适合自身的软件研发体系,
则遵循软件行业成熟度的认证规则更加有利于制造商在这方面的发展。

毋庸置疑,制造商必须有质量管理系统,但就和设计能力一样,也需要根据
自身行业发展建立和维护。

由于本书着重介绍的是飞行记录系统各类机载设备,而制造商所遵循的管
理要求是所有机载设备通用的,因此此处不一一展开介绍,有兴趣的读者可以
选择一些专门介绍适航取证或适航管理类的书籍阅读了解。涉及飞行记录系
统各类机载设备的单独取证的设计保证方法和技术管理要求将在下一节结合
FDR 的技术要求进行介绍。

5.3.2 适用的技术要求

飞行记录系统有专门的技术标准规定。对于某个产品来说,所适用的技术
标准可以是一个单一技术标准,也可以是组合式的多个技术标准。

CCAR-37 部《民用航空材料、零部件和机载设备技术标准规定》是适航当
局为规范使用在航空器上的指定航空材料、零部件和机载设备符合适航要求,
满足规定条件下完成工作的需要或预定目的的法规,是一种最低性能标准的规
定。每一份技术标准规定都是 CCAR-37 部的一部分;适用性包括该技术标
准规定所涉及航空材料、零部件和机载设备的名称、编号、版次和颁发日期等内
容。这些技术标准规定参照了国内外最新的相关标准制定,引用了不限于中国
适航当局颁发的,包括 FAA、美国航空无线电技术委员会(Radio Technical
Commission for Aeronautics,RTCA)、EUROCAE 等国际上的多个有影响力
的国际民航官方或行业组织所颁发的标准。TSO 是适航当局制定的最基础的

技术标准,随着工业技术的发展,航空产品和零部件会因为新的发明、新的技术而突破原有的设计和制造水平,因此 TSO 不断更新换版,甚至是作废或增加新的技术标准规定项目,这些都是围绕适航的安全水平进行评估的。

中国的技术标准规定以"CTSO‐CXXX"或"CTSO‐2CXXX"的格式标识每一份技术标准规定文件,我们通常使用缩写词"CTSO"代指。FAA 的技术标准规定缩写词是"TSO",EASA 的技术标准规定缩写词是"ETSO",这种方式是国际通用的,并且在编号上也保持了一致。

以 FDR 的技术标准为例。FAA 在 1996 年颁发了文件编号是 TSO‐C124a 的技术标准,CAAC 在 2003 年引入并颁发了文件编号是 CTSO‐C124a 的技术标准,EASA 在 2010 年引入这个技术标准规定时,FAA 已换版为"b"版(2007 年颁布),所以他们发布了文件编号是 ETSO‐C124b 的技术标准;三个国家和组织在技术标准中相关项目的英文名称都是"flight data recorder",缩写均是 FDR,中文名称是 CAAC 从英文直接翻译后定义的;三个国家和组织在技术标准中引用的行业技术标准都是 EUROCAE 颁布的 ED‐55 和 RTCA 颁布的 RTCA/DO‐160、RTCA/DO‐178 和 RTCA/DO‐254,这是当时国际民航业所认可的最新技术标准。

当一个制造商决定要设计某个产品时,就必须收集并认真研究技术标准要求,避免后期工作发生大的反复。

接下来,以当前最新的 FDR 和 CVR 技术标准为例,介绍飞行记录系统如何在适航取证时捕获这些技术要求。

CTSO‐C124c 飞行数据记录器技术标准是 FDR 所适用的标准,在设计单一 FDR 功能时是适航取证审查时的审定基础,否则,就是所确定的审定基础之一。

CTSO‐C124c 中引用的技术标准如表 5‐2 所示,这些标准要求都是 CTSO‐C124c 技术要求的延伸,是强制执行的。CTSO‐C124c 中还有一些隐含和延伸的部分技术管理标准,如表 5‐3 所示,是国际航空领域同类产品通常采用的,建议执行。

咨询通告(advisory circular，AC)也是技术标准的一部分，制造商在使用这些标准或规范的同时，也应有对应技术标准或规范的咨询通告的内容。

表 5 - 2　CTSO - C124c 中引用的技术标准

序号	代号	名称	发布时间	备注
1	ED - 112A	坠毁保护机载记录系统最低工作性能规范	2013 年 9 月	EUROCAE 出版物
2	RTCA/DO - 160G/EUROCAE ED - 14G	机载设备环境条件和试验程序	2010 年 12 月	RTCA 出版物
3	RTCA/DO - 178B	机载系统和设备合格审定中的软件考虑	1992 年 12 月	RTCA 出版物

表 5 - 3　CTSO - C124c 中隐含和延伸的部分技术管理标准

序号	代号	名称	发布时间	备注
1	SAE ARP 4754A	民用飞机和系统的研制指导方针	2010 年 12 月	SAE 出版物
2	SAE ARP 4761	民用飞机机载系统和设备安全性评估过程的指南和方法	1996 年 12 月	SAE 出版物
3	ARINC CHARACTERISTIC 747 - 2	飞机数据记录器(性能规范)	1998 年 10 月	RTCA 出版物
4	RTCA/DO - 254	机载电子硬件设计保证指南	2000 年 4 月	RTCA 出版物

特别需要说明的是，表 5 - 3 中 FDR 的设计可参考 ARINC 747 性能规范，达到产品通用化、标准化的目的。

FDR 的主要功能是实现预期采集及记录飞机状态和性能参数，用于事故或事件调查、飞行分析，这也框定了 FDR 的最小功能和审定范围。在 ED - 112A 中有三种类型的产品具有 FDR 功能，分别是单个 FDR、抛放式记录器、组合式记录器。制造商可以根据市场需要和自身发展需要设计产品。非单一FDR 功能的产品捕获并进行定义需求时，需要考虑多个技术标准，确定其构型时可参考 ED - 112A 中给出的记录器组合方式的示例。

FDR 的失效状态类别对应可定义的的研制保证等级,在 CTSO - C124c 里,已定义了 FDR 功能失效或功能丧失属微小的失效状态,即 SAE ARP 4754 中研制保证等级 D 级规定。制造商可以在此基础上按照 SAE ARP 4754 D 级给出的方法策划 FDR 的研制和验证工作;同时贯穿研制过程,采用 SAE ARP 4761 中适用的安全性分析方法开展功能危险性评估(function hazardous assessment,FHA)、初步系统性安全性评估(primary system safety assessment,PSSA)、系统性安全性评估(system safety assessment,SSA),常用的设备级的分析方法有故障树分析、失效模式影响分析等。其中,CTSO - C124c 定义的功能失效可以认为是飞机 FHA 的评估的输出。伴随着研制过程中产品设计的不断迭代,安全性评估与重新评估所确定的安全性要求的实现会消除或减少失效情况下的安全性影响。在 PSSA 评估过程中,制造商应按照 RTCA/DO - 178B 和 RTCA/DO - 254 定义软件和硬件的设计保证等级。在没有用户或制造商预期使用的其他需求情况下,FDR 软件和硬件都是 D 级,这与研制保证等级一致。

CTSO - C124c 引用了 ED - 112A 中 FDR 的技术要求和试验要求,是 FDR 设计的重要技术标准,其中第 2 分篇的通用设计要求(Section 2 Common Design Specification),以及第 Ⅱ 部分飞行记录器的专用要求(Part Ⅱ Flight Data Recorder Systems)涵盖了一个独立的 FDR 的技术要求和试验要求。这些要求既包括强制执行的要求,不允许使用其他替代方法实现,也包括一些行业最佳实践的技术要求,可以使用其他替代方法实现。Part Ⅱ 是 FDR 最基本的设计规范,在阅读时可结合第 2 分篇的有关适用条款理解。表 5 - 4 给出了 FDR 类型的产品在 ED - 112A 中基本的技术要求条款及内容摘要。

表 5 - 4　FDR 类型的产品在 ED - 112A 中基本的技术要求条款及内容摘要

章 节 号	技 术 要 求	
2 - 1.2 Ⅱ - 2.1.4 Ⅱ - A	使用数字记录方法	

章节号	技 术 要 求	
2 - 1.2.1	坠毁保护模块的物理尺寸	
2 - 1.3.1 Ⅱ - 2.1.4	适航性及审定要求	基于安全性的物理隔离和电气隔离
2 - 1.3.2		基于持续适航的可维修要求
2 - 1.3.3		防火烧要求
2 - 1.3.4		基于事故调查的数据还原的文件要求
2 - 1.4 Ⅱ - 2.1.2	控制	基于对产品的记录性能影响的航空器上的操作和监测要求
2 - 1.5 Ⅱ - 2.1.5	飞行数据记录的启动和停止要求	
2 - 1.6	飞行数据记录的连续性要求	
2 - 1.7 Ⅱ - 2.1.8	飞行数据记录的位出错率要求	
2 - 1.8	施加一系列规定的性能试验之后飞行数据记录的连续性要求	
2 - 1.9	当设备使用数字计算机技术时,对产品的软件要求	
2 - 1.11 Ⅱ - 2.1.3	多类型数据回放同步要求	
2 - 1.12	数据回放的时基要求	
2 - 1.13	记录器介质损坏评价要求	
2 - 1.14 Ⅱ - 2.1.7	记录信息损失或重构要求	
2 - 1.15	记录信息保存时间要求	
2 - 1.16 2 - 4 Ⅱ - 3 Ⅱ - 5	坠毁保护要求(包括信息恢复、CSMU 外表面的标识、ULB、坠毁保护序列试验和程序的要求)	
2 - 1.10 2 - 2 Part Ⅱ	设计规范	

（续表）

章节号	技 术 要 求	
2－3 Ⅱ－4	在环境试验条件下的最低性能规范（结合 ED－14G/DO－160G 的试验条件、安装机型和类别进行定义）	
2－5 Ⅱ－6	安装和安装性能要求（易达性、干扰、隔离、绝缘、供电、安装强度和环境）	

在 ED－112A 中包含了两类试验条件，分别是坠毁保护性能试验条件和 RTCA/DO－160G 环境试验条件。坠毁保护性能试验条件及试验方法针对 FDR 产品的特殊试验，后续章节会具体说明；RTCA/DO－160G 是通用的技术标准，制造商在确定 FDR 的试验类别时需同时考虑 RTCA/DO－160G 和 ED－112A 以及目标航空器的要求。表 5－5 所示为根据 FDR 的安装位置及其环境确定的，安装于某型飞机的 FDR 环境试验类别示例。

表 5－5　安装于某型飞机的 FDR 环境试验类别示例

序号	RTCA/DO－160G 章节	试验项目	FDR 的试验类别	备注
1	第 4 章	温度和高度	B4 类	
2	第 5 章	温度变化	C 类	
3	第 6 章	湿度	C 类	
4	第 7 章	工作冲击和坠毁安全性	B 类	
5	第 8 章	振动	R 类	
6	第 9 章	防爆性	—	非强制要求
7	第 10 章	防水性	—	非强制要求
8	第 11 章	流体敏感性	—	非强制要求
9	第 12 章	沙尘	—	非强制要求
10	第 13 章	抗霉菌	F 类	
11	第 14 章	盐雾	T 类	

序号	RTCA/DO-160G 章节	试验项目	FDR 的试验类别	备注
12	第 15 章	磁效应	Z 类	
13	第 16 章	功率输入	B 类	
14	第 17 章	电压尖峰	A 类	
15	第 18 章	音频传导敏感性-功率输入	B 类	
16	第 19 章	感应信号敏感性	BC 类	
17	第 20 章	无线电频率敏感性（辐射和传导）	T 类	
18	第 21 章	无线电频率能量发射	M 类	
19	第 22 章	闪电感应瞬变敏感性	A3G3L3 类	
20	第 23 章	闪电直接效应	—	非强制要求
21	第 24 章	结冰	—	非强制要求
22	第 25 章	静电放电	A 类	
23	第 26 章	火烧、易燃性	—	非强制要求

注："非强制要求"是指 ED-112A 中未强制要求开展的试验项目，制造商可根据飞机安装需要或其他条件的要求确定是否进行。

在 FDR 取证过程中，制造商需要理解并执行技术标准且不能有偏差。在申请或审查期间，由于项目特定发展需要、研制与制造难度等原因造成项目与最低性能标准不符合的任何改变（需求改变、技术状态改变、试验条件改变等）都可称为偏离。制造商需要尽力消除这种偏离，否则制造商必须采取措施表明设备保持了等效的安全水平。这样的报告或者可以弥补缺陷的设计特征分析报告应该在申请时随申请一并提交给适航当局。

标识标记是 FDR 的构型信息的重要组成部分。一般要求至少在主要部位设置永久的、清晰的标记，标记内容应满足 CCAR-21 有关条款规定和技术标准 CTSO-C124c 中有关标记的要求，主要有制造人名称和地址、CTSO 标准号、设备序列号、件号、制造日期等。其中，所有容易拆卸（无需手持工具）的部件和确定的，有互换性的设备中的所有组件都应有类似标记。制造商一般使用固定的产品标牌标识上述内容。

FDR 设计通常都包含软件和机载电子硬件，件号必须能够表明软件和硬件的构型。件号的标识方法在设计编排时，可为硬件、软件各划分一个单独区域，以便标记不同构型状态，如图 5-3 所示。

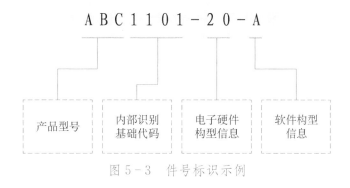

图 5-3 件号标识示例

制造商可以设定一组数字和字母的组合字符标明产品的件号信息，这组件号信息中的不同字段有不同含义，需要制造商根据行业规定、自身产品的复杂程度、市场需要等设计编码标准，并提供给适航当局和使用用户，以便他们可以清楚地辨识产品的构型状态，方便网络查询，做出适当的使用和维护选择。

图 5-3 中分别使用阿拉伯数字和字母标识电子硬件构型信息和软件构型信息。假设初始电子硬件构型版本是 1.00，在这组件号中约定位置使用"10"标记，当发生第一次变更后标记为"11"，第二次标记为"12"，……，第十次标记为"20"。假设初始软件构型版本是 1.00，在这组件号中约定位置使用"A"标记，当发生第一次变更后，约定的软件构型信息标记位置就应该变成"B"。

技术标准结合现代电子技术发展，也给出了可以使用电子标记标识软件和机载电子硬件的要求。此标记可通过软件写入硬件部件内部，而不用将其标识在设备铭牌中。但这种标记必须容易读取，且无须使用特殊工具或设备。例如,制造商取证时可以向适航当局举证自己的信息化编码管理规范、采用的现在市场上可以购买到的商用条码和射频识别设备清册等。

FDR 的技术标准中规定了申请时、审查时所必需的资料要求,在这些资料及资料所代表的工作完成后,制造商应发出符合性声明,表明制造商的责任。包括的主要资料如下所示。

(1) 软、硬件构型状态资料。

(2) 产品设计的原理图、布线图、总装图(包括铭牌图纸)以及 FDR 安装所必需的其他文件(包括设计图纸清单)。

(3) 产品的可更换部件清单、维修和安装资料(包括安装程序和限制)。

(4) 软件、硬件的合格审定资料。

(5) 对非 CTSO 功能的说明与声明资料。

(6) 制造商的质量系统说明资料(包括功能试验规范、持续适航文件、供应商管理等)。

(7) 材料和工艺规范清单(包括工艺清单)。

(8) 符合性验证资料(包括试验和分析文件)。

(9) 符合性说明资料(包括声明文件)。

应将可证明上述资料的直接证据提交适航当局审查组评审,用来证明直接证据的符合性的其他资料应提供局方备查,如制造上的产品相关的设计类规范、试验规范、校准规范以及有关的文件和记录。

5.4 符合性验证方法

制造商在研发过程中为了验证或确认产品功能是否符合技术标准要求,必须开展符合性验证。验证过程是为了获得所需的证据资料以表明适航条款的符合性的过程,使用的这些验证方法统称为符合性验证方法(简称符合性方法)。

适航当局在以前的审查经验和借鉴国外的管理成果的基础上整理的符合性方法有十种,如表 5-6 所示,机载设备可以选择一种方法或多种方法组合的方式验证技术标准规定的要求。

表 5-6 机载设备符合性方法

代码	名称	适用性建议	使用说明
MC0	符合性声明	必须采用的方法	通常在符合性记录文件中直接给出
MC1	说明性文件	一般采用的方法	如技术说明、安装图纸、计算方法、技术方案等
MC2	分析、计算	最常用的方法之一	如性能、统计数据分析、与以往型号的相似性等
MC3	安全评估	最常用的方法之一	如 FHA、SSA 等用于规定安全目标和演示已经达到这些安全目标的文件
MC4	实验室试验	最常用的方法之一	如环境试验、坠毁保护性能试验等,试验可能在零部件、分组件和完整组件上进行
MC5	地面试验	特指航空器级别的试验,一般机载设备制造商不适用	如旋翼和减速器的耐久性试验、环境试验等
MC6	飞行试验	特指航空器级别的试验,一般机载设备制造商不适用	在规章明确要求时或用其他方法无法完全演示符合性时采用
MC7	航空器检查	特指航空器级别的试验,一般机载设备制造商不适用	如系统的隔离检查、维修规定的检查等
MC8	模拟器试验	特指航空器或操控系统等级别的系统性综合试验,飞行记录系统不适用	如评估潜在危险的失效情况,驾驶舱评估等
MC9	设备合格性	最常用的方法之一	设备的鉴定是一种过程,它可能包含上述所有的符合性方法

以 FDR 为例,在 CTSOA 取证的计划阶段,制造商应针对每个条款选择符

合性方法,并确定所提供的验证资料,这些符合性方法必须是经过审查组评审的,在之后的研制过程和审查组审查过程中,制造商应遵守双方确认的符合性验证方法开展验证工作,提供验证资料。典型的 FDR 符合性方法如表 5 - 7 所示。

表 5 - 7　典型的 FDR 符合性方法

序号	条　款	符合性方法	验证资料类别
CTSO - C124c《飞行数据记录器》			
1	CTSO - C124c_1　目的	MC0	符合性声明
2	CTSO - C124c_2　适用性	MC0	符合性声明
3	CTSO - C124c_3　要求 a. ED - 112A 的替代要求	MC0	符合性声明
4	CTSO - C124c_3　要求 b. 功能	MC1、MC4	技术规范、试验程序、试验报告
5	CTSO - C124c_3　要求 c. 失效状态类别	MC1	分析报告
6	CTSO - C124c_3　要求 d. 功能鉴定	MC1、MC4	技术规范、试验程序、试验报告
7	CTSO - C124c_3　要求 e. 环境鉴定	MC4	试验程序、试验报告
8	CTSO - C124c_3　要求 f. 软件鉴定	MC1	技术规范
9	CTSO - C124c_3　要求 g. 偏离	MC0	符合性声明
10	CTSO - C124c_4　标记 a. 标记包含的信息	MC1	设计图纸
11	CTSO - C124c_4　标记 b. 可更换部件标记应包含制造商名称、组件件号和 CTSO 标准号	MC1	设计图纸、文件
12	CTSO - C124c_4　标记 c. 件号必须能够表明软件和硬件的构型,并在编排时各自划分一个单独区域	MC1	技术标准、设计图纸、文件
13	CTSO - C124c_4　标记 d. 可以使用电子标记标识软件和机载电子硬件	MC1	技术标准、设计图纸、文件

（续表）

序号	条　　款	符合性方法	验证资料类别
14	CTSO‐C124c_5　申请资料要求 a. 手册包含①运行说明和设备限制；②对所有偏离的详细描述；③安装程序和限制；④对于所有软件和机载电子硬件构型要包括件号及功能描述，其中件号包括版本和设计保证等级；⑤设备中每个部件进行环境鉴定的试验条件总结；⑥原理图、布线图及其他文件；⑦可更换部件清单	MC1	工程资料数据包
15	CTSO‐C124c_5　申请资料要求 b. 持续适航文件	MC1	工程资料数据包
16	CTSO‐C124c_5　申请资料要求 c. 若包含软件，则应提供软件合格审定计划、软件构型索引和软件完结综述	MC1	工程资料数据包
17	CTSO‐C124c_5　申请资料要求 d. 铭牌图纸	MC1	设计图纸
18	CTSO‐C124c_5　申请资料要求 e. 确定设备中所包含而未按照 CTSO‐C124c 第 3 节进行评估的功能或性能	MC1	分析报告
19	CTSO‐C124c_5　申请资料要求 f. 质量控制系统方面的说明资料，包括功能试验规范	MC1	质量手册、试验类规范
20	CTSO‐C124c_5　申请资料要求 g. 材料和工艺规范清单	MC1	材料和工艺规范
21	CTSO‐C124c_5　申请资料要求 h. 定义设备设计的图纸和工艺清单	MC1	图样目录清单、工艺清单
22	CTSO‐C124c_5　申请资料要求 i. 制造人的 CTSO 鉴定报告	MC1	评审报告
23	CTSO‐C124c_6　制造人资料要求 a. 用来鉴定每件设备是否符合本标准要求的功能鉴定规范	MC1	产品规范
24	CTSO‐C124c_6　制造人资料要求 b. 设备校准程序	MC1	校准程序
25	CTSO‐C124c_6　制造人资料要求 c. 原理图	MC1	设计图纸
26	CTSO‐C124c_6　制造人资料要求 d. 布线图	MC1	装配设计图纸

序号	条　　款	符合性方法	验证资料类别
27	CTSO‐C124c_6　制造人资料要求 e. 材料和工艺规范	MC1	材料和工艺规范
28	CTSO‐C124c_6　制造人资料要求 f. 环境鉴定试验结果	MC1	试验报告
29	CTSO‐C124c_6　制造人资料要求 g. 若设备包括软件，则提供 RTCA/DO‐178B 中规定的相关文档	MC1	软件文档
30	CTSO‐C124c_6　制造人资料要求 h. 若设备包含非 CTSO 功能，则必须提供相关资料	MC1	设计说明
31	CTSO‐C124c_7　随设备提交给用户的资料要求 a. 如欲向一个机构提交一件或多件按本标准制造的设备，则应随设备提供本标准第 5.a 节和第 5.b 节的资料副本，以及设备正确安装、审定、使用和持续适航所必需的资料	MC1	产品规范
32	CTSO‐C124c_7　随设备提交给用户的资料要求 b. 非 CTSO 功能，应包括第 5.e.(1)节至第 5.e.(4)节所规定资料的副本	MC1	安装使用说明

ED‐112A《坠毁保护机载记录系统最低工作性能规范》

序号	条　　款	符合性方法	验证资料类别
33	ED‐112A_2‐1.2　记录器技术	MC1	技术规范、工艺规范、设计图纸
34	ED‐112A_2‐1.3.1　安全性	MC1	分析报告
35	ED‐112A_2‐1.3.2　维修	MC1	分析报告
36	ED‐112A_2‐1.3.3　防火烧	MC1	分析报告
37	ED‐112A_2‐1.3.4　审定文件	MC1	维修、安装、使用文件
38	ED‐112A_2‐1.4.2　正确工作的监测	MC1	技术规范、技术说明
39	ED‐112A_2‐1.8　测试影响	MC1	分析报告
40	ED‐112A_2‐1.9　软件管理	MC1	分析报告

(续表)

序号	条　款	符合性方法	验证资料类别
41	ED-112A_2-1.13　记录器介质损坏评价方法	MC1	分析报告
42	ED-112A_2-1.14　记录信息及记录介质组织	MC1	分析报告
43	ED-112A_2-1.15　记录信息保持	MC1、MC4	分析报告、试验/测试报告
44	ED-112A_2-1.16.1　信息恢复	MC1、MC4	技术说明、安装、使用文件
45	ED-112A_2-1.16.2　坠毁保护准则	MC4	试验程序、试验报告
46	ED-112A_2-1.16.3　标识	MC1	设计图纸、文件
47	ED-112A_2-1.16.4　水下定位信标	MC1、MC4、MC9	产品规范、设计图纸、文件、试验报告、CTSOA证书和证明
48	ED-112A_2-3.2　标准环境试验	MC1、MC4	试验程序、试验报告
49	ED-112A_2-4.1　总则	MC0	符合性声明
50	ED-112A_2-4.2.1　强冲击试验	MC4	试验程序、试验报告
51	ED-112A_2-4.2.2　信标静态分离试验	MC4	试验程序、试验报告
52	ED-112A_2-4.2.3　穿透试验	MC4	试验程序、试验报告
53	ED-112A_2-4.2.4　静态挤压试验	MC4	试验程序、试验报告
54	ED-112A_2-4.2.5　高温火烧试验	MC4	试验程序、试验报告
55	ED-112A_2-4.2.6　低温火烧试验	MC4	试验程序、试验报告

序号	条　款	符合性方法	验证资料类别
56	ED-112A_2-4.2.7　深海压力和海水浸泡试验	MC4	试验程序、试验报告
57	ED-112A_2-4.2.8　腐蚀性物质浸泡试验	MC4	试验程序、试验报告
58	ED-112A_Ⅱ-2.1.2　正确工作自监测	MC1、MC4	分析报告、试验和测试报告
59	ED-112A_Ⅱ-2.1.3　记录器同步	MC1、MC4	分析报告、试验和测试报告
60	ED-112A_Ⅱ-2.1.4　记录技术	MC1、MC4	分析报告、试验和测试报告
61	ED-112A_Ⅱ-2.1.5　记录的开始和终止	MC1、MC4	分析报告、试验和测试报告
62	ED-112A_Ⅱ-2.1.6　待记录的数据	MC1、MC4	分析报告、试验和测试报告
63	ED-112A_Ⅱ-2.1.7　擦除所记录数据	MC1、MC4	分析报告、试验和测试报告
64	ED-112A_Ⅱ-2.1.8　记录的质量和可靠性	MC1、MC4	分析报告、试验和测试报告
65	ED-112A_Ⅱ-2.1.9　记录能力和格式	MC1、MC4	分析报告、试验和测试报告
66	ED-112A_Ⅱ-2.1.10　功能测试方法	MC1、MC4	分析报告、试验和测试报告
67	ED-112A_Ⅱ-2.1.11　拷贝记录数据的方法	MC1、MC4	分析报告、试验和测试报告
68	ED-112A_Ⅱ-2.1.12　飞行机组人员接口	MC1	技术说明
69	ED-112A_Ⅱ-2.1.14.1　强制性、非强制性FDR 和其他飞行记录器的隔离	MC1	技术说明
70	ED-112A_Ⅱ-2.1.15.4　数据精度、分辨率和时序	MC1、MC4	分析报告、试验和测试报告
71	ED-112A_Ⅱ-3.1　引言	MC0	符合性声明

（续表）

序号	条　　款		符合性方法	验证资料类别
72	ED-112A_Ⅱ-3.2.1	电源中断启动和影响	MC4	试验程序、试验报告
73	ED-112A_Ⅱ-3.2.2	记录延迟	MC1、MC4	分析报告、试验和测试报告
74	ED-112A_Ⅱ-3.2.3	数据恢复	MC1、MC4	分析报告、试验和测试报告
75	ED-112A_Ⅱ-4.2	一般要求的例外	MC1、MC4	分析报告、试验和测试报告
76	ED-112A_Ⅱ-5.2.2	背景情况	MC0	符合性声明
77	ED-112A_Ⅱ-5.2.3	数据流的建立	MC1	分析报告、技术说明
78	ED-112A_Ⅱ-5.2.4	数据流停止	MC1	分析报告、技术说明
79	ED-112A_Ⅱ-5.2.5	数据流丢位	MC1	分析报告、技术说明
80	ED-112A_Ⅱ-5.2.6	数据流误码	MC4	试验程序、试验报告
81	ED-112A_Ⅱ-5.2.7　文件损坏——修改的字		MC1	分析报告
82	ED-112A_Ⅱ-5.2.8　文件损坏——删除的数据块		MC1	分析报告
83	ED-112A_Ⅱ-5.2.9	数据流中断	MC1	分析报告
DO-160G《机载设备的环境条件和试验方法》				
84	第4章	温度和高度	MC4	试验程序、试验报告
85	第5章	温度变化	MC4	试验程序、试验报告
86	第6章	湿热	MC4	试验程序、试验报告

序号	条	款	符合性方法	验证资料类别
87	第 7 章	飞行冲击和坠撞安全	MC4	试验程序、试验报告
88	第 8 章	振动	MC4	试验程序、试验报告
89	第 10 章	防水	MC4	试验程序、试验报告
90	第 13 章	霉菌	MC4	试验程序、试验报告
91	第 14 章	盐雾	MC4	试验程序、试验报告
92	第 15 章	磁效应	MC4	试验程序、试验报告
93	第 16 章	电源输入	MC4	试验程序、试验报告
94	第 17 章	电压尖峰	MC4	试验程序、试验报告
95	第 18 章	音频传导敏感性	MC4	试验程序、试验报告
96	第 19 章	感应信号敏感性	MC4	试验程序、试验报告
97	第 20 章	射频敏感性——辐射	MC4	试验程序、试验报告
98	第 20 章	射频敏感性——传导	MC4	试验程序、试验报告
99	第 21 章	射频能量发射	MC4	试验程序、试验报告
100	第 22 章	雷电感应瞬变敏感性	MC4	试验程序、试验报告
101	第 25 章	静电放电	MC4	试验程序、试验报告

（续表）

序号	条　款	符合性方法	验证资料类别
	软件采用 DO-178C《机载系统和设备合格审定中的软件考虑》D 级进行管理		
	复杂电子硬件采用 DO-254《机载电子产品硬件设计保证指南》D 级进行管理		

5.5　坠毁保护试验环境应力

经过对飞行事故的统计分析，无论飞机坠毁发生在什么时段、什么地点，其受到的损害首先都是猛烈的撞击、机身结构零部件等尖锐硬物的砸戳、剪切拉伸和挤压应力。如果坠毁在陆地上，则有可能引发高温火烧、长时间低温火烧以及飞机上流体的浸泡；如果坠落大海，则会受到海水浸泡和深海压力等环境应力。图 5-4 所示为飞行记录器损毁的几种情况，记录器分别受到强冲击、高温火烧和深海压力等应力破坏。

图 5-4　飞行记录器损毁的几种情况

飞行记录系统作为能够记录飞行信息的设备，在飞机坠毁时首先要保证自身不受损毁，保证记录介质中的内容完整有效。因此，对飞机坠毁环境应力的研究分析既是飞行记录器研发的设计输入，也是验证飞行记录器坠毁保护能力的依据。分析试验环境应力有助于坠毁保护试验的针对性和有效性。

记录器 CSMU 的应力破坏不是单一的，而是有一定顺序的、受多种环境应力综合影响的结果。

记录器受到的载荷可能导致 CSMU 的结构破坏，这种破坏可能直接损坏内部的存储介质，如固态存储芯片的破裂；更有可能产生的情况是 CSMU 虽未被破坏，但是强冲击造成的载荷应力在后续的环境应力下被放大和叠加。如经受了强冲击应力的紧固螺钉可能在后续的挤压和高温下断裂，从而破坏其保护功能；强冲击的应力也可能使 CSMU 产生微小的裂缝，使绝热材料损坏，在后续高温火烧、流体浸泡条件下，存储记录介质遭到损坏。因此，坠毁保护能力设计不但要考虑单一环境应力破坏的影响，而且要考虑序列应力破坏的影响。

飞机坠毁时在短时间内速度变为零，飞机会受到一个强烈的冲击载荷，冲击载荷瞬间传递到安装于飞机上的飞行记录器上。记录器受到的载荷大小主要由飞机的速度、被撞击物的材质、撞击的角度、记录器安装的位置等多种因素决定。

飞机坠毁往往伴随起火燃烧，这是因为飞机在飞行过程中需携带大量航空燃油，航空燃油主要包括航空煤油和航空汽油，航空燃油在空气中自然燃烧的最高温度可达 1 100℃，在陆地上坠毁的飞机有很大可能需经受高温火烧的环境。高温火烧过后，失事现场还会持续一个较长时间的低温火烧环境。

地球上海洋的面积占总面积的 71%，很多飞行航线都经过海洋，每年失事的飞机中有部分是坠入大海的，海上失事可能会使飞行记录器受到深海压力和海水浸泡的环境应力。

因此，所谓的坠毁保护能力就是指发生飞行事故时飞行记录器所能承受强冲击、高温火烧、低温火烧、深海压力和海水浸泡等环境应力，且使其记录飞行数据信息的存储介质不受明显损坏的能力。飞行记录器的坠毁保护能力通常用坠毁保护试验验证，坠毁保护试验模拟所有可能经受的环境应力，包括强冲击试验、剪切和拉伸试验、抗穿透试验、静态挤压试验、高温火烧试验、低温火烧试验、深海压力和海水浸泡试验及流体浸泡试验，坠毁保护试验完全遵循坠毁保护的标准和规范。

5.6 坠毁保护相关标准规范变化

1958年,第一个飞行记录器标准 TSO - C51《飞机飞行记录器》颁布。TSO 是 FAA 为民用航空器上指定的材料、零部件及装置制定的最低性能指标,是航空零部件设计和生产的强制性要求,也是航空零部件用于适航审定的技术标准规范。取得技术标准项目批准书意味着获得零部件设计和生产适航许可。1966年《飞机飞行记录器》标准升级为 TSO - C51a,国内第一个取得技术标准项目批准书的 FB - 30 FDR 就是以 TSO - C51a 技术标准规范为基础,满足适航要求的飞行记录器,证书编号为 TSOA0001,如图 5 - 5 所示。

图 5 - 5 国内取得的第一个技术标准项目批准书的飞行记录器及项目批准书

自第一个飞行记录器标准 TSO - C51 颁布以来,相关标准陆续推出,不断发展。目前国外关于坠毁保护的标准规范主要有 TSO 系列和 ED 系列,如最新版本的 TSO - C124c 和 ED112A。国内发布的有 HB 20240 等。了解飞行记录器标准的演变及其之间的关系,有助于标准的正确引用和执行,也有助于前瞻飞行记录器的发展。本节主要对记录器标准规范中涉及坠毁保护试验的部分进行介绍,以飞行数据、话音记录器为主,轻型、抛放、图像、数据链记录器等标准不做重点介绍。

5.6.1　国外标准规范变化

在 1958 年颁布的飞行记录器标准 TSO‐C51 中,坠毁保护试验只有 3 个项目:冲击(100g)、防火(1 100℃、30 min)和防水(36 h)。1964 年颁布的 TSO‐C84《驾驶舱话音记录器》规定了 CVR 试验项目:冲击(100g、11 ms)、防火(1 100℃、30 min)和防水(48 h)。1966 年颁布的 TSO‐C51a《飞机飞行记录器》将冲击指标提高为 1 000g、5 ms,半正弦波形,防火和防水指标未变,增加了抗穿透、静态挤压等试验项目。

这期间,标准的显著改进之一是在冲击试验的指标中增加了持续时间和冲击波形,冲击带来的损害不仅和峰值加速度有关,而且和持续时间有关,单纯的峰值加速度或单纯的持续时间都不能准确地描述冲击能量。

1988 年 EUROCAE 发布 ED‐56《驾驶舱话音记录系统最低性能要求》,1990 年发布 ED‐55《飞行数据记录系统最低性能要求》,1993 发布 ED‐56A《驾驶舱话音记录系统最低性能要求》代替 ED‐56。EUROCAE 通过研究和讨论航空电子设备面临的技术问题,与 RTCA 和国际自动机工程师学会(Society of Automotive Engineers,SAE)合作,提供解决方案,其中就包括制定的系列飞行记录器最低工作性能规范(minimum operational performance specification,MOPS)。EUROCAE 并非欧洲政府实体,提出的性能规范只是一些建议,它的建议只有在被政府特定机构接受后才能成为强制性要求。

ED 系列飞行记录器标准的发布是飞行记录器坠毁保护能力标准的一个飞跃,主要体现在下列几个方面。

(1)坠毁保护试验要求更符合实际、更加严酷。ED‐55 首次提出两个序列的坠毁保护准则,分别对应飞机陆地坠毁高温火烧及海上坠毁的环境。ED‐56A 在高温火烧试验中仍保持 1 100℃,但时间由 30 min 增加到 60 min;增加了 260℃、10 h 的低温火烧试验,对应飞机陆地坠毁的低温火烧,坠毁保护试验序列增加为三个序列,更加真实地模拟了坠毁环境。ED‐55 中,冲击力由

TSO-C51a 的 1 000g、5 ms 提高到 3 400g、6.5 ms;冲击能量由 3.183 g·s 提高到 14.069 g·s;火烧试验增加了 158 W/m² 最低热通量要求,使火场强度得以准确控制;50%火焰包围增加为 100%火焰包围;增加深海压力试验,记录器在压力为 60 MPa(相当于水深 6 096 m 的压力)的海水中浸泡 30 天;增加了流体浸泡试验。试验指标的提高及试验项目的增加使得坠毁保护试验更加难以通过。

(2)坠毁保护试验开始形成明确、具体的方法步骤。如 ED-55 在高温火烧试验中增加了温度测量位置在距记录器表面 25 mm 处;增加了静态挤压试验施加的轴向;详细描述了流体浸泡试验所用流体的种类及浸泡时间。ED-56A 更是详细描述了火场的建立、热通量的测量等具体试验方法;规定温度测量位置大约在至少三个面的每一个面的中心点;增加了火焰温度范围的描述,指出由于 CSMU 或记录器在试验中的火焰扰动和局部火焰冷却,可能会引起温度在 950~1 100℃之间变化。ED-55 的附录 5 提供了一套详细的、可以接受的试验方法,是标准规范发展过程中的里程碑。

(3)对记录器的要求更加协调、系统化。随着电子技术的发展,早期的钢带、磁带记录介质已被固态存储介质取代,ED-55 对固态存储介质、数据采集、记录、数据压缩和恢复提出了要求,明确要求飞行记录器应使用数字方式记录并存储数据,而且应使用在不损失数据准确性、分辨率、采样或计时相关性的情况下易于从存储介质内回收数据的方式。对记录器的适航性提出了要求,规定了 CVR 和 FDR 时间同步等。

自 EUROCAE 发布飞行记录器最低工作性能规范的 ED 系列标准后,TSO 颁布的标准就一直引用 ED 标准。1995 年颁布的 TSO-C123a《驾驶舱话音记录器》坠毁保护性能引用 ED-56A,1996 年颁布的 TSO-C124a《飞行数据记录器》引用 ED-55,其坠毁保护性能与 ED-56A 相同。

2003 年 EUROCAE 发布 ED-112《坠毁保护机载记录系统最低工作性能规范》,将驾驶舱话音和飞行数据记录系统的坠毁保护性能要求统一,代替 ED-

55 及 ED - 56A。ED - 112 在坠毁保护试验主要指标方面没有太多更新,但在标准的要求、结构方面更加协调统一。由于技术的进步及事故调查对更多信息的需求,ED - 112 提供了组合记录器的概念,即在一个机箱内完成数据、音频、通信导航监视和空中交通管理、图像的采集和记录。为了防止这些重要信息的全部丢失,标准反对大型航空器上只安装一个组合式记录器,提出有必要安装两个组合式记录器,一个安装在驾驶舱附近,一个安装在飞机后部。安装于驾驶舱附近的记录器可以缩短接线,降低飞行期间发生火灾或坠毁时线路断裂的可能,而传统的后部安装方式使记录器坠毁保护能力达到最佳水平。两个组合记录器互为备份,提高了事故发生后恢复所有信息的可能性。

2006 年 FAA 发布了 TSO - C123b《驾驶舱话音记录器》,2007 年发布了 TSO - C124b《飞行数据记录器》,其坠毁保护试验的要求直接引用自 ED - 112。

2013 年 EUROCAE 发布 ED - 112A《坠毁保护机载记录系统最低工作性能规范》,代替 ED - 112 标准。ED - 112A 由 5 个章节和 4 个部分构成,在坠毁保护试验方面主要增加了剪切和拉伸试验项目,三个方向都施加 26.689 kN 的力,持续时间 1 min,用于考察 ULB 对 CSMU 的附着能力。同年 FAA 发布了 TSO - C123c《驾驶舱话音记录器》和 TSO - C124c《飞行数据记录器》,分别代替 TSO - C123b 和 TSO - C124b,坠毁保护试验要求引用自 ED - 112A。

5.6.2 国内标准规范变化

从标准发布实施的时间和坠毁保护指标看,早期国内飞行记录器的发展起步晚、起点低。1990 年,航空航天工业部批准颁布了由陕西千山航空电子有限责任公司起草的国内第一个 FDR 标准 HB - 6436《机载飞行数据记录器最低性能标准》,坠毁保护指标等同于 TSO - C51a,比同时期国外标准的颁布晚了 20 年多年。1994 年,由陕西千山航空电子有限责任公司、中国航空综合技术研究所起草,中国航空工业总公司颁布的 HB 7107《民用航空器驾驶舱话音记录器最低性能要求》,是国内第一个 CVR 标准,指标等同于 TSO - C84。同时期,国外 ED - 55、ED - 56A、TSO - C123 和 TSO - C124 等标准已经发布。

2003 年,中国民航局根据 CCAR - 37《民用航空材料、零部件和机载设备技术标准规定》颁发了 CTSO 技术标准规定,CTSO - C123a《驾驶舱话音记录器》和 CTSO - C124a《飞行数据记录器》,坠毁保护性能等同于 TSO - C123a 和 TSO - C124a。

2014 年,工业和信息化部发布 HB 8481《民用飞机飞行数据记录器规范》,坠毁保护指标等同于 ED - 112;同年国防科工局发布 HB 20240《防护记录器坠毁幸存试验要求和方法》,明确定义了安装在飞机上的固定式综合记录器、FDR、CVR 和 AIR 为防护记录器,其坠毁保护性能应符合该标准。在 ED - 112 的基础上,HB 20240 的强冲击试验指标有一定提升,峰值加速度不小于 5 100g、持续时间不小于 5 ms、冲击波形积分面积不小于 16.24 g·s。在这个阶段,国内标准规范增加了部分符合国内民用飞机需求的内容,逐步缩小了与国外的差距,其中强冲击试验指标已高出国外同类标准要求。

5.6.3 标准规范发展的思考

从 TSO - C51 到 ED - 112A,坠毁保护试验标准规范经历了近 60 年的发展,飞行记录器坠毁保护性能也有了很大的提升。从国外有关坠毁保护试验标准规范的发展过程中可以看出飞行记录器发展的一些特点,如下所示。

(1) 试验项目更加充分,试验指标更加严酷,飞行记录器的坠毁保护能力需要继续提升。从 TSO - C51 单序列冲击、防火、防水 3 个试验项目,到 ED - 112A 的 3 个序列强冲击、剪切和拉伸、抗穿透、静态挤压、高温火烧、低温火烧、流体浸泡、深海压力和海水浸泡等试验项目,考察了飞行记录器可能经受的所有坠毁保护环境应力,试验项目更加充分。强冲击从 100g 提高到 3 400g、持续时间 6.5 ms,半正弦波及最易损坏方向上的最易损坏轴上;高温火烧从

1 100℃、30 min、50％包围面积提高到 1 100℃、60 min、100％包围面积、热通量为 158 kW/m²，两个主要的试验项目——强冲击和高温火烧的指标都更加严酷。记录器受到冲击载荷的大小主要和飞机坠毁时的速度有关。从 1990 年 ED－55 颁布到 2013 年 ED－112A 颁布，强冲击试验峰值加速度 3 400g 一直没有变化，这主要和飞机速度变化不大有关。以商业飞机为例，大多数采用涡轮风扇发动机，其燃油最有效的经济飞行速度是每小时 400～620 mi（约 644～998 km），尽管现在的商用飞机也能以更高的速度飞行，比如采用涡轮喷气发动机，但其油耗惊人。运营公司考虑经济性，效益比速度更加重要，无论是 20 世纪 90 年代的空客 A330 还是现在的波音 787，经济巡航速度都是 900 km/h 左右，商业飞机的实际速度没有多大变化。随着技术的进步，商业飞机在保证经济性的前提下提高速度是一种必然选择，强冲击试验的峰值加速度有可能在 3 400g 的基础上进一步提高。

（2）传统的单一功能记录器的局限性。随着技术的进步，记录器需要记录的信息种类也在增加，ED－56A 标准已提出音频和数据组合式记录器，ED－112A 提出在一个机箱中完成数据、音频、数据链和图像的组合记录器。受飞机重量和空间的限制，单一功能的记录器如 FDR 和 CVR 势必存在局限性，组合式记录器是未来的发展趋势。在应用组合式记录器时，需注意标准对安装数量的要求，对于大型商用飞机来说，不推荐使用单台组合式记录器，其主要原因是单台记录器可能在坠毁时发生物理性损坏，致使信息丢失。因此，同时安装两套分离的记录器被认为是可以接受的最低标准，同时安装两套完全相同和重复的组合式记录器这一方案也已经得到事故调查者的接受和支持。

5.7 坠毁保护试验方法

随着技术进步，坠毁保护试验标准规定不断发展变化，标准规定对坠毁保护试验的方法和要求也更加详细和严谨,适宜的坠毁保护试验方法是充分验证记录器是否满足坠毁保护性能的依据。本节结合标准规范的发展变化,重点介绍最新标准 ED - 112A《坠毁保护机载记录系统最低工作性能规范》中安装固定式记录器的坠毁保护试验方法。

5.7.1 保护准则

固定式记录器坠毁保护试验必须经受以下三个试验序列后记录器的坠毁保护记录介质仍能保存记录信息。

(1) 序列 1:强冲击、剪切和拉伸、抗穿透、静态挤压、高温火烧和流体浸泡。

(2) 序列 2:强冲击、剪切和拉伸、抗穿透、静态挤压、低温火烧和流体浸泡。

(3) 序列 3:强冲击、剪切和拉伸、抗穿透、静态挤压、深海压力和海水浸泡。

在各试验序列的每个试验项目中,试验样件可以是记录器,也可以是 CSMU,具体在每个单项试验方法中有要求。所谓 CSMU,就是由防护壳体及封装在其内部的存储模块所组成的组件,记录器主要由 CSMU、外部电子组件和 ULB 等组成。

在完成坠毁保护试验后,对存储介质的修理应该最小化。

(1) 在完成试验序列 1 和 3 之后,为从记录介质中恢复数据,只能进行简单的修理,如替换到 CSMU 的内部连线。不允许重焊存储器件或辅助部件。

(2) 在完成试验序列 2(低温火烧)之后,允许取下单个存储器件,重新连接到原来的或替换的 CSMU 上,使信息可以独立地或以合并的方式进行恢复。

TSO - C51a 规定的坠毁保护试验是仅有高温火烧的单序列试验,ED - 55 新增深海压力和海水浸泡试验项目,序列试验增加为高温火烧和深海压力两个,ED - 56A 增加低温火烧试验项目,试验序列增加到三个,ED - 112A 在保持三个试验序列的基础上,增加了剪切和拉伸试验项目。

每个试验序列前四个单项试验相同,后两项不同。三个序列分别对应陆地坠毁高温火烧、陆地坠毁低温火烧及海上坠毁三种试验环境。

单个记录器必须进行一个给定序列所要求的所有试验,然而不要求单个记录器在经过所有序列试验后不损毁。目前通常的试验方法是使用三台相同技术状态的记录器,分别对应完成三个序列坠毁保护试验,并保证试验完成后数据不损毁。

5.7.2　水下定位信标

ED-112A 本身不包含 ULB 特性要求,但是当飞机在海上失事时,ULB 对于快速、准确搜寻到记录器至关重要,因此规范对 ULB 在坠毁保护方面也有要求,本节对 ULB 相关内容做简要介绍。ULB 的规范可参见 TSO-C121《水下定位设备技术标准规定》。

ULB 是一种水下声呐脉冲发生设备,当飞机失事落入水中时,ULB 自动开始工作,发送 37.5 kHz 固定频率的脉冲声呐信号,搜救人员通过水下声呐接收器确定信标在水中的位置,从而确定失事飞机的具体位置。ULB 内置电池,早期产品入水后在 30 天内可持续发送声呐信号,最新 ULB 工作时间可达 90 天。

ULB 的功能决定了飞机失事时其不应与 CSMU 分离脱落,随着对 ULB 重要性认识的提高,标准规范对 ULB 在坠毁保护试验中的要求和验证变得更细、更严格。早期规范没有对 ULB 提出要求,ED-55 要求在记录器上应安装 ULB,在强冲击试验中 ULB 必须附着在 CSMU 上,且应保证它们在坠毁撞击时不会发生脱落。ED-56A 在静态挤压试验中增加了对 ULB 的要求,允许拆除记录器外部其他组件,但是 ULB 除外。对于固定式记录器,ED-112A 在强冲击试验中要求 ULB 或等效样品在试验中不得拆除,且 ULB 正面至少要进行一次强冲击。在新增剪切和拉伸试验时,ED-112A 要求信标不会从记录器 CSMU 上脱落,对 ULB 在剪切和拉伸应力下是否脱落进行考察。

5.7.3 强冲击试验

强冲击试验考察 CSMU 在经受强冲击后的保护能力。ED - 112A 规定，在经受了下列强冲击试验之后，坠毁保护记录介质中的内容应该是完整的。

(1) 在最易损坏方向上的最易损坏轴上，使 CSMU 及其附带的 ULB 或等效样品经受强冲击。强冲击能量应等于或大于 6.5 ms 和峰值加速度 33 342 m/s^2(3 400g) 所形成的半正弦波冲击的能量，如图 5 - 6 所示。此波形由至少 3 400g 的峰值加速度获得。此冲击可以通过使记录器经受加速或减速产生。最易损坏轴和最易损坏方向不限定于记录器的三个主轴。

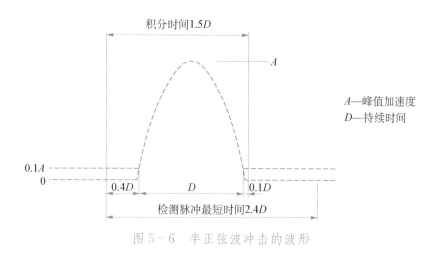

图 5 - 6　半正弦波冲击的波形

(2) 一个可接受的符合性方法是产生一个梯形波的冲击，其能量等于上面所规定的半正弦波。

(3) 只允许在记录器 CSMU 上进行冲击试验。然后将受试组件安装在记录器上进行剩下的序列试验。

(4) 利用 ULB 的安装特征，将 ULB 或等效样品连接到 CSMU 上。

依据记录器的设计，至少需要进行两种强冲击试验：CSMU 上最易损坏轴试验和信标正面的冲击。对 5.7.1 节中的每一个试验序列只允许施加一次强冲击。例如对于一个特定的记录器，序列 1(高温火烧)在 CSMU 最易损坏轴上试验的记录器上进行,序列 2(低温火烧)在信标正面强冲击试验的记录器上进行,序列 3(深海浸泡)在剪切和拉伸信标分离试验的记录器上进行。

飞机坠毁不是弹性碰撞,也不是简单的非弹性碰撞,碰撞后记录器受到的损毁取决于其受到的冲击能量。按照冲击动能理论,冲击能量一般用一个持续的载荷描述,与峰值加速度和持续时间有关。如 ED‑112A 中描述"强冲击能量应等于或大于 6.5 ms 半正弦波冲击和 33 342 m/s²(3 400g)峰值加速度所提供的能量……此波形应至少可获得 3 400g 的峰值加速度"。如图 5‑6 所示,半正弦曲线包围的面积即记录器受到的冲击能量,计算如下。

$$E = \int^{T} a\sin\omega t \cdot \mathrm{d}t = (6.5 \times 10^{-3}) \times 3\,400/(\pi/2) = 138 \text{ m/s} = 14.069 \text{ g} \cdot \text{s}$$

式中,峰值加速度 $a = 3\,400g = 33\,342 \text{ m/s}^2$;持续时间 $t = 6.5 \text{ ms}$

因此,对于强冲击指标的描述,峰值加速度、持续时间、冲击波形三者缺一不可。图 5‑7 所示为一个实际强冲击试验的波形,包含峰值加速度、持续时间、波形及冲击能量等要素。

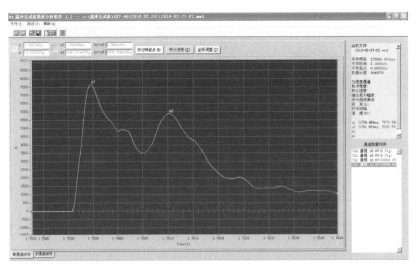

图 5‑7　实际强冲击试验波形

产生一个精确的半正弦波的强冲击是相当困难的,因此允许的一种比较实用的替代方法是产生一种如图 5-8 所示的梯形冲击波形,这种波形在曲线下与半正弦波曲线具有同样的区域面积,因此,它们具有同一能量。

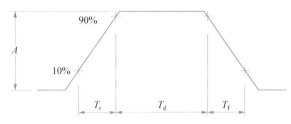

T_r：最大3.5 ms
T_d：最小3.0 ms
T_f：最小0 ms
A：最小3 400 g(33 342 m/s^2)
注1：Tr和Tf之间的间隔,应使曲线下的面积等于或大于半正弦冲击脉冲面积,
　　　这个面积=(6.5×10^{-3})×3 400/π/2=14.069 g·s。
注2：实践中,观察冲击脉冲的特性,其平均值可用于建立有效的脉冲波形

图 5-8　梯形冲击波形

标准允许强冲击试验可以通过加速或减速的方式进行[14]。由于飞机坠毁时受到的强冲击是一个减速运动,因此减速冲击能比加速冲击更好地模拟坠毁环境应力。

TSO-C51 规定冲击峰值加速度为 $100g$,没有持续时间,没有波形及冲击能量的要求,也没有给出试验中载荷的方向。早期的冲击试验多采用高空跌落试验方法,如俄罗斯在 20 世纪 90 年代某型产品冲击试验的要求仍然是"以 125 km/h 速度飞行的直升机,从 500 m 高度抛下"。TSO-C51a 首次提出半正弦冲击波形,峰值加速度为 $1 000g$,持续至少 5 ms,明确试验方向为三个正交的主轴方向。从 ED-55 开始明确规定,强冲击力应当从最易损坏的方向上,最容易损坏的轴向上施加。标准还规定强冲击试验的主体是 CSMU,受到一个强冲击的应该是 CSMU,如果 CSMU 安装在记录器内部,则试验时应该取出,这要求 CSMU 之外的其他结构必须去掉,试验对于 CSMU 更加严酷,试验后允许 CSMU 安装在记录器上进行后续剩余试验。当有必要时,为了确定最

易损坏的轴向和方向,试验应当在分离的试验样品上实施。

强冲击试验设备必须满足标准中峰值加速度、持续时间、加速度波形积分面积的要求,可以是机械冲击台、火炮、空气炮、火箭橇等。图5-9是国内第一个获得国家实验室认可的强冲击试验设备,采用压缩空气为动力。

图5-9　强冲击试验设备

5.7.4　剪切和拉伸试验

剪切和拉伸试验是ED-112A首次提出的坠毁保护试验项目,用于考察ULB在经受三个方向的应力后,是否从CSMU上完全分离,CSMU的防护壳体是否裂开。

飞机在海上坠毁后,ULB是否脱落关系着调查人员能否通过ULB快速、准确地寻找到飞行记录器。ED-112A新增剪切和拉伸试验,对海上坠毁环境更具针对性,增强了对ULB脱落的考察。

剪切和拉伸应力施加在三个方向上,如图5-10所示,规范要求三个方向的试验分别使用单独的样机。

(1) ULB横向剪切:CSMU固定,ULB经受26.689 kN静态剪切应力,稳定保持应力1 min,剪切应力在ULB横向方向上最接近CSMU的位置处施加。

横向剪切   纵向剪切   横向拉伸

图 5 - 10   剪切和拉伸试验施加应力的三个方向

(2) ULB 纵向剪切：CSMU 固定，ULB 经受 26.689 kN 静态剪切应力，稳定保持应力 1 min，剪切应力在 ULB 纵向方向上最接近 CSMU 的位置处施加。

(3) ULB 横向拉伸：CSMU 固定，ULB 经受 26.689 kN 静态拉伸应力，稳定保持应力 1 min，拉伸应力在 ULB 纵向轴和横向轴垂直相交的方向上施加。

剪切和拉伸试验可以用液压设备完成，静态挤压、剪切和拉伸属于同一类型载荷，进行静态挤压试验的液压设备也可用于剪切和拉伸试验。为了更好地满足规范要求，需要根据试验样件外形设计合适的工装夹具。

5.7.5   抗穿透试验

抗穿透试验用于考察记录器或 CSMU 能否经受坚硬重物的砸戳，目的是为了防止记录介质在飞机发生坠毁时，由于机身结构零部件撞击记录器外壳而引起损毁。从 TSO - C51a 至 ED - 112A，抗穿透试验主要指标变化不大，其间标准规范主要是对具体试验方法不断进行补充和完善。

记录器经受一个不小于 227 kg 的重物由 3 m 处落下所产生的穿透力，撞击在记录器 CSMU 最易受损面上的最危险点。最易受损面上的最危险点可以通过理论计算、仿真分析等方法获得，也可通过试验的方法获得。穿透试验可能需要在试验样件的每一个面上进行，以确定最易受损的点。每次试验后应替换钢棒。适用时，鉴定试验的每个序列中的记录器都可以进行单个面的抗穿透试验。

重物的下部即撞击接触点是一个直径为(6.35±0.1)mm 的圆形钢棒，钢棒的洛氏硬度在C39~C45之间,露出长度为(40±1)mm,钢棒是可以替换的。钢棒与重物的连接不得削弱钢棒的性能,因此标准允许的一种方法是用紧定螺钉安装,如图5-11所示,而不允许以螺纹方式连接。钢棒的穿透端是去毛刺的正切截面,非穿透端应是平的,并与穿透端直径相同。为避免重物与沙子接触时穿透力被吸收,重物的横截面直径应小于记录器或放置记录器的钢板之中的较大者。

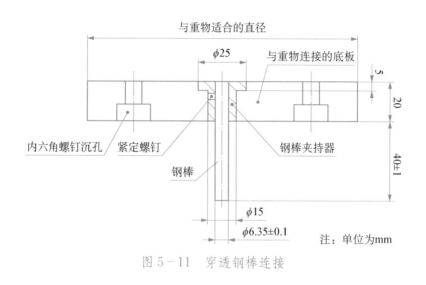

图5-11　穿透钢棒连接

　　记录器平放在厚0.5 m的砂床上,受试面朝上,最危险点与重物下部钢棒对正,保证重物下落时钢棒砸戳在受试点上。砂床所用砂可以采用工业石英砂,配比应符合如表5-8所示的沙粒粒度配比。试验前应以大约1 L水、15 L砂的比例湿润砂。水与砂的实际比例不做严格限定,水太少或太多都会使记录器更深地沉入砂中并接触到混凝土地面,从而增加试验的严酷程度。较小的记录器应放置在正方形钢板中心,钢板面积至少为0.06 m²,厚度至少为6.35 mm。使用钢板的目的是当重物撞击记录器时在其下方提供一个标准的阻力并减小其偏移量。横截面积大于0.06 m²的记录器不需要使用钢板。

表 5 - 8　沙粒粒度配比

质量百分比/%	沙粒规格/μm	质量百分比/%	沙粒规格/μm
1（最大）	＞710	25～35	180～250
2～4	500～710	15～23	125～180
10～14	355～500	4～7	90～125
25～35	250～355	2（最大）	＜90

　　抗穿透试验设备可以是一种自制的非标准设备,应具有对重物进行合适引导和限制的提升机构和释放机构,具有清晰的高度标尺,实现重物的安全升降及自由释放,图 5 - 12 所示为标准给出的抗穿透试验设备。

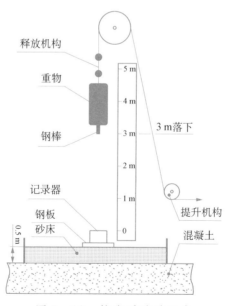

图 5 - 12　抗穿透试验设备

　　试验前穿透钢棒应与试验样件表面垂直,允许取下 CSMU 外部的电子组件。

　　撞击之后,钢棒有可能穿透保护层,如果可以证明较长的钢棒没有对记录介质造成损坏,则标准允许继续进行后续试验序列。不允许对 CSMU 的防护壳体或隔离层进行维修，钢棒应仍嵌入坠毁保护模块中继续随后的试验。

5.7.6　静态挤压试验

静态挤压试验用于考察记录器 CSMU 在飞机坠毁时能否经受来自多个方向的静态压力。静态挤压试验最初在 TSO‑C51a 中提出，要求记录器的三个正交轴向能够分别承受 5 min、5 000 lbf(22.25 kN)力的持续挤压。从 ED‑55 和 ED‑56A 开始至最新的 ED‑112A，应力施加的方向描述为无论 CSMU 形状如何，都至少在 4 个点进行试验，适用时，应在每个主对角线和每个主面上进行试验。

完成试验的次数及方向取决于 CSMU 的形状。几种常用形状 CSMU 的试验选择如下所示。

（1）立方体 CSMU：在 3 个面和 4 个对角线方向共进行 7 次试验。

（2）圆柱体 CSMU：轴向、径向各 1 次，对角线方向 2 次，满足标准至少进行 4 次试验的要求。如果圆柱体两端面不同，则可以采用轴向 2 次、径向 1 次、对角线 1 次的试验方案。

（3）球体 CSMU：可以在三个相互垂直的正交轴方向进行 3 次试验，另选取一个和安装有关的方向进行至少 1 次试验。

除 ULB 和连接到 CSMU 上的承载零部件外，允许从 CSMU 上拆除那些非坠毁保护零部件。

能够提供持续稳定压力的设备都可以进行试验，标准规范推荐使用液压机和压力计进行。

在挤压时，记录器可以由一个圆形弹性衬垫支撑，衬垫直径为 5 cm、厚度为 1.25 cm。

5.7.7　高温火烧试验

高温火烧试验考察记录器 CSMU 在高温下的保护能力。CSMU 或记录器的整个外表面区域应完全暴露在火焰中，持续至少 60 min，火场热通量最小为 158 kW/m²。火焰温度标称值应为 1 100℃,由于试验过程中的 CSMU 或记录器可能引起火焰扰动和局部冷却,因此会使温度在 950℃～1 100℃ 之间变化。试验期间应一直保持此处所述的最小热通量,并由适当的仪器对热通量进行监测,不允许屏蔽。

满足以上试验条件的可接受的试验方法之一是使 CSMU 或记录器经受火焰的燃烧,火焰由一组燃烧器产生,可以使用燃气或燃油。由于空气和丙烷混合气体的燃烧比较纯净且易于控制,因此这种混合气体是标准推荐优先使用的燃料。调节此混合气体可获得稳定的火焰。

在火烧试验开始前,应对记录器预处理,使其有一个稳定的内部温度,这个温度等同于在大气环境压力和(25±5)℃温度条件下记录器工作后达到的温度。按照 ED-14G 和 DO-160G 中所述,当设备内部最大质量块温度变化不大于 2℃/h 时,可以认为设备的温度达到稳定。当不能测量内部最大质量块温度时,认为 2 h 是设备温度稳定的最小时间。因此,试验前一般要求记录器在试验环境温度下放置 2 h。

试验前 CSMU 外部的电子组件可以取掉。

当记录器正常工作和存储期间,防火材料的有效性会降低,可以通过增大压力和温度循环的方法,对防护材料进行预处理以模拟老化的影响。

在进行火烧试验前,应使用水量热计校准这一组燃烧器。水量热计应与试验样件(CSMU 或记录器)具有相同的尺寸。如图 5-13 所示就是一个适宜的水量热计示例。如果使用其他方法校准燃烧器,如电子辐射线测定,则此方法应该被证实相当于量热计方法。

如图 5-14 所示为使用丙烷气体的高温火烧试验设备示例。在离地面约 0.5 m 处,水量热计由角钢部件支撑。入水和出水管穿过隔热墙,使用隔热墙的目的是将热量反射到水量热计(或记录器)的背部,并防止水管吸热。隔热墙和水量热计之间的短水管应良好隔热。

标准给出了一种具体的试验步骤。

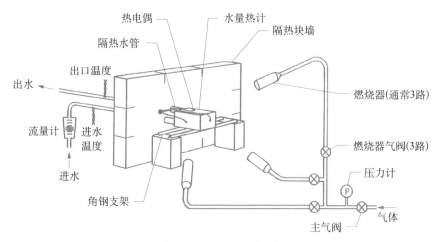

图 5-13　水量热计

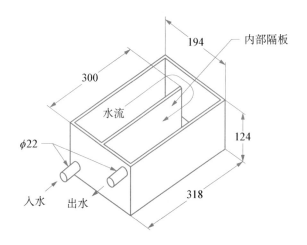

注：(1) 为清晰起见，移除顶部
　　(2) 材料为1.6 mm低碳钢
　　(3) 单位为mm

图 5-14　使用丙烷气体的高温火烧试验设备

（1）调节燃烧器的数量、大小、位置和气体压力，确保火焰包围面积、热通量和火焰标称温度的要求准则得到满足。在整个试验过程中，水量热计的水源、燃料的来源要能保证需要的流速，这一点很重要。火焰温度是用热电偶连续监测的，热电偶安装在 CSMU 或记录器至少三个表面的大约中心位置，距离表面约 25 mm 处。通过调节单个的燃烧器气阀,可设置燃烧器输出。

(2) 一旦需要的试验条件建立,则记录气体压力,关闭主阀门。各分路燃烧器的气体阀门不可再调节变动。

(3) 用于试验的 CSMU 或记录器原位替换水量热计。如果可行,则应监测 CSMU 内部温度以确定特殊记录介质获得保护的极限。如果由于前面的试验使 CSMU 或记录器重要部分的结构受到损毁,并且可能在试验期间熔化或燃烧,则 CSMU 或记录器以这样一种方式维持,即 CSMU 在试验期间经受完整的热通量。

(4) 打开主气阀开始火烧试验。如果需要,则控制阀门调整气体压力至前述记录下来的气体压力值。应对外部热电偶所指示的火焰温度进行连续监测。相比试验期间的水量热计,当前试验的 CSMU 或记录器可能观察到一个更高的温度。不能通过改变燃烧器的输出补偿这一温差。

(5) 试验结束后,关闭燃烧器,允许 CSMU 或记录器在环境条件下自然冷却,也允许从支撑装置的地方移走记录器。

进行以上试验步骤时需要关闭主阀门断火。一种更为有效的火烧试验设备的设计如图 5-15 所示的高温火烧试验设备,它通过两个可以旋转的隔热墙实现燃烧过程中 CSMU 或记录器对水量热计的原位替换,不需要中途断火,更好地使火焰包围面积、热通量和火焰标称温度在水量热计替换前、后保持一致。

在具体试验中的同一个火场强度下,在记录器原位替换水量热计后,监测到的火焰温度会升高,因水量热计的不同可能会升高 20~40℃,这是因为水量热计的工作带走了火场一部分热量。标准不允许调节燃烧器补偿这个温差,试验中应注意这个升高的温度对记录器的影响。

热通量 Q 计算式如下所示。

$$Q = \frac{dT \times F \times SH}{A \times C} (\mathrm{W/m^2})$$

式中,dT 为冷水温度升高量,单位为℃;F 为冷水流速,单位为 kg/s;SH 为冷水比热[4 187 J/(kg/℃)];A 为水量热计表面积,单位为 m²;C 为吸收常数,取 0.5。

图 5 - 15 　高温火烧试验设备

从计算式可以看出,本文所说的热通量严格来说应称为热流密度,指单位时间内通过单位面积传递的热量,它可以反映火场的强度。温度是物质的基本属性之一,但在描述火场强度时,仅有温度是不够的,热通量同样重要。如一个专用打火机温度虽然也可以达到 1 100℃,但打火机燃烧的火场强度与高温火烧试验所需要的火场强度明显是不同的。在 TSO - C51a 及之前的标准中,火烧试验要求温度都是 1 100℃,无热通量指标要求。自 ED - 55 和 ED - 56A 开始至 ED - 112A,增加了火场热通量最小为 158 kW/m² 的要求,使得试验要求更加充分,试验条件更接近真实坠毁环境。用于测量热通量的仪器称为热通量计,上文提到的水量热计是热通量计中的一种。

进行坠毁保护试验的可以是记录器,也可以是 CSMU。如果使用一个完整的记录器试验,那么试验样件应经受 5.7.1 节所述试验序列。在进行高温火烧试验时,之前进行的强冲击、剪切和拉伸、抗穿透和静态挤压试验可能会留下一些影响,如变形的记录器外罩和遗留在外罩中的穿透钢棒,对于这些试验留下的影响,标准规范要求在高温火烧试验时予以保留。

5.7.8　低温火烧试验

低温火烧试验考察记录器 CSMU 在低温火烧时的保护能力,模拟飞机在陆地上坠毁时飞机燃油不完全燃烧的环境对记录器的影响。低温火烧试验可以使用环境试验箱进行,使记录器经受 260℃、10 h 的低温火烧。

如同高温火烧试验一样,试验开始前应对记录器预处理,使其有一个稳定的内部温度,这个温度等同于在大气环境压力和(25±5)℃温度条件下记录器工作后到达的温度,具体参见 5.7.7 节相关描述。

在环境条件(25±5)℃下,试验设备不工作时,将记录器放置在恒温箱中,以不低于 2℃/min 的速率,升高恒温箱温度至不小于 260℃,并保持该温度至少 10 h。

在 10 h 暴露时间结束后,从恒温箱中取出记录器,使其自然冷却。

5.7.9 深海压力和海水浸泡试验

深海压力和海水浸泡试验考察记录器在深海压力及海水长时间浸泡下的保护能力,模拟飞机海上坠毁时记录器所处的环境。

从 ED-55 首次将深海压力和海水浸泡试验纳入坠毁保护试验序列至 ED-112A,深海压力一直为 60 MPa,标准未发生变化,这可能主要取决于世界海洋平均深度约为 3 800 m。

标准规定,除非能够证明记录介质能承受深海浸泡的条件及 CSMU 不太可能出现崩溃这种损毁,否则记录器应该浸泡在 60 MPa 压力的海水中,时间为 30 天。如果能够证明保护记录介质的方法和材料不会受到海水的影响,则此时间可减少到 24 h。为避免对试验设备造成损坏,可在压力容器内使用任何合适的液体进行试验,并使用一种方法将该液体和浸泡记录器的海水分开。

压力容器可以用来进行深海压力试验,图 5-16 所示是一种深海压力试验设备。海水的腐蚀性较强,直接使用海水完成试验可能会导致海水腐蚀压力容器及压缩系统。可以向压力容器中注入某种压缩机油,将海水注入另一个能够传递压力的小容器内,将记录器浸泡于海水中,密封这个小容器,然后再将小容器置于压力容器机油中。这种方法既可以满足试验要求,又可以防止海水对试验设备的损毁。

海水可以是天然海水,也可是人工海水。按照 HB 20240[14] 要求,天然海

图 5-16　深海压力试验设备

水和人工海水可按以下方法获得。

（1）天然海水：取自距离江河入海口 10 km 以外处的天然海水，在水源地加灌后用封口签封好，放置在阴凉处，在密封的条件下储存。

（2）人工海水：按表 5-9 所示的人工海水成分给出的规定，在 1 L 去离子水中加入各种化学药品，配制成人工海水。

除非能够证明记录介质及 5.7.2 节中要求的标识可以耐海水腐蚀影响，否则记录器应该浸泡在标称温度为 25℃ 的 3 m 深的海水中，时间为 30 天。

除深海压力试验期间海水已经进入 CSMU 外，允许耐腐蚀试验在另一个记录器上进行，它独立于主试验序列。可以通过记录器重量判断是否进水。

表 5-9　人工海水成分

成分	含量/(g/L)	成分	含量/(g/L)
NaCl	26.5	KBr	0.28
KCl	0.73	$MgSO_4$	3.3
$MgCl_2$	2.4	$NaHCO_3$	0.2
$CaCl_2$	1.1		

5.7.10　流体浸泡试验

流体浸泡试验用于考察记录器中记录介质在某些特定流体浸泡下的保护

能力,试验目的是证明记录介质在一个独立的环境下浸泡在可能遇到的流体中不会损毁。本试验的目的并不是为了证明已破裂或损毁的记录介质不会被流体再进一步损毁。此试验可作为 5.7.1 节中所述序列试验中的最后一个进行,或作为单独的试验进行。

通常固态记录器中记录介质指 CSMU 中的存储芯片。

(1)序列试验:如果记录介质没有进行过下述耐流体的单独试验,则应将 5.7.1 节中所述序列试验中的 CSMU 浸泡在下面所述流体中。

(2)单独试验:CSMU 中典型的记录介质应进行单独的耐流体独立试验。"典型的记录介质"是指此记录介质可直接与 5.7.1 节所述序列试验所用介质(相同零件号)互换,尽管不要求该介质必须是其他试验序列中所使用的实际记录介质。如果记录介质进行了此项单独试验,则不需要对 CSMU 进行流体浸泡试验。除非在单独试验期间,已表明记录介质是耐这些流体的,否则 CSMU 将浸入下述流体进行试验。

(3)流体:为使试验条件更符合国内航空产业的实际情况,流体种类引用自 HB 20240 要求。CSMU 分别浸入以下流体:RP‑3 航空煤油、甲醇水(含 44%甲醇)、HP‑8B 航空润滑油、10 号航空液压油、卫生间冲洗液,每种至少浸泡 48 h;水剂乙二醇(含 62%水)、二氧化碳灭火剂、磷酸铵盐干粉灭火剂、氟利昂 12、卤代烷灭火剂 1211、水成膜灭火剂,每种至少浸泡 8 h。流体应盛放于耐腐蚀的密闭容器中,试验时试验样件应完全浸泡在流体中,流体浸泡顺序不做要求。

坠毁保护相关标准规范如表 5‑10 所示。

表 5‑10　坠毁保护相关标准规范

编号	名称	实施日期	主要坠毁保护指标	相互关系	备注
TSO‑C51	《飞机飞行记录器》	1958‑08‑01	冲击:100g 防火:火焰温度 1 100℃、30 min、至少 50%表面积火焰包围 防水:海水浸泡 36 h	第一个飞行记录器标准	

编号	名称	实施日期	主要坠毁保护指标	相互关系	备注
TSO－C84	《驾驶舱话音记录器》	1964－09－02	坠毁保护指标与 TSO－C51 基本相同 冲击：加速度100g、11 ms 防火：火焰温度 1 100℃、30 min、至少50％表面积被火焰包围 防水：海水浸泡48 h	第一个系统的驾驶舱话音记录器标准	
TSO－C51a	《飞机飞行记录器》	1966－08－01	冲击：正交三个轴向、半正弦波、峰值加速度 1 000g、至少 5 ms 抗穿透：重物 227 kg、高度 3.05 m，触点面积不大于 32 mm² 静态挤压：正交三个轴向、22.25 kN、5 min 防火：同上 防水：同上		规定记录器外表面颜色为亮橙色或亮黄色，新增抗穿透、静态挤压试验
ED－56	《驾驶舱话音记录系统最低性能要求》	1988－02	坠毁保护指标与 TSO－C84 基本相同	修订 TSO－C84	
HB 6436	《机载飞行数据记录器最低性能标准》	1990－04－28 1990－12－01	坠毁保护指标与 TSO－C51a 相同	指标同 TSO－C51a，国内第一个飞行数据记录器标准	航空航天工业部行业标准，中国黑匣子诞生地——陕西千山航空电子有限责任公司起草

（续表）

编号	名称	实施日期	主要坠毁保护指标	相互关系	备注
ED-55	《飞行数据记录系统最低性能要求》	1990-05-03	强冲击：在最容易损坏的方向上施加到最容易损坏的轴向上、半正弦波、峰值加速度 3 400g、6.5 ms 抗穿透：CSMU 最容易损坏面的最危险点上、重物 227 kg、高度 3.05 m、撞击棒触点直径（6.35±0.1）mm、长度（40±1）mm、洛氏硬度 C39～C45 HRC 静态挤压：至少四个方向（每个主对角线和每个主要面）、22.25 kN、5 min 火烧：火焰温度 1 100℃、30 min、整个外表面积被火焰包围、热通量 158 kW/m²、测量距离 25 mm 深海压力和海水浸泡：60 MPa、30 天或 24 h；海水浸泡 3 m、30 天 液体浸泡：十余种物质约 14 天的浸泡	对 TSO-C51、TSO-C51a 和 ED-56 的扩展	提出两个序列试验，有具体的试验方法步骤，首次给出热通量要求。新增深海压力和流体浸泡试验
TSO-C123	《驾驶舱话音记录器》	1991-05-03	同 ED-56	引用 ED-56	
TSO-C124	《飞行数据记录器系统》	1993	同 ED-55	引用 ED-55	
ED-56A	《驾驶舱话音记录系统最低性能要求》	1993-12-21	修订火烧试验为高温火烧和低温火烧，高温火烧持续时间由 30 min 增加至 60 min，其余同 ED-55 低温火烧：温度 260℃，10 h	修订 ED-56	提出三个序列试验、新增低温火烧

编号	名称	实施日期	主要坠毁保护指标	相互关系	备注
HB 7107	《民用航空器驾驶舱话音记录器最低性能要求》	1994-10-31 1995-01-01	强冲击:加速度 100g、11 ms 火烧保护:火焰温度 1 100℃、30 min,至少 50％表面积被火焰包围 海水浸泡:48 h	等效采用 TSO-C84,国内第一个驾驶舱话音记录器标准	航空工业行业标准,由陕西千山航空电子有限责任公司、航空 301 所起草
TSO-C123a	《驾驶舱话音记录器》	1995-07-21	同 ED-56a	引用 ED-56a	
TSO-C124a	《飞行数据记录器系统》	1996-08-01	高温火烧试验同 ED-56a,其余同 ED-55	引用 ED-55	
ED-112	《坠毁保护机载记录系统最低工作性能规范》	2003-03	强冲击:在最容易损坏的方向上施加到最容易损坏的轴向上、半正弦波、峰值加速度 3 400g、6.5 ms 抗穿透:CSMU 最容易损坏面的最危险点上、重物 227 kg、高度 3 m、撞击棒触点直径(6.35±0.1)mm、长度(40±1)mm、洛氏硬度 C39~C45 HRC、垫钢板 静态挤压:至少四个方向(每个主对角线和每个主要面)、22.25 kN、5 min 高温火烧:火焰温度 1 100℃、30 min、整个外表面积被火焰包围、热通量 158 kW/m² 、测量距离 25 mm 低温火烧:温度 260℃,10 h 深海压力和海水浸泡:60 MPa、30 天或 24 h;海水浸泡 3 m、30 天 腐蚀性物质浸泡:十余种物质约 14 天的浸泡	代替 ED-55 和 ED-56a	

（续表）

编号	名称	实施日期	主要坠毁保护指标	相互关系	备注
CTSO-C123a	《驾驶舱话音记录器》	2003 - 04 - 30	同 TSO - C123a	同 TSO - C123a	中国民用航空技术标准规定
CTSO-C124a	《飞行数据记录器》	2003 - 04 - 30	同 TSO - C124a	同 TSO - C124a	中国民用航空技术标准规定
TSO-C123b	《驾驶舱话音记录器》	2006 - 06 - 01	同 ED - 112	引用 ED - 112	
TSO-C124b	《飞行数据记录器》	2007 - 04 - 10	同 ED - 112	引用 ED - 112	
ED-112A	《坠毁保护机载记录系统最低工作性能规范》	2013 - 09 - 05	基本同 ED-112，增加了考察 ULB 的剪切和拉伸试验 剪切和拉伸：26.689 kN、1 min	代替 ED - 55、ED - 56a 和 ED112	
TSO-C123c	《驾驶舱话音记录器》	2013 - 12 - 19	同 ED - 112a	代替 TSO - C123b 引用 ED - 112a	
TSO-C124c	《飞行数据记录器》	2013 - 12 - 19	同 ED - 112a	代替 TSO - C124b 引用 ED - 112a	
HB 8481	《民用飞机飞行数据记录器规范》	2014 - 07 - 09 2014 - 11 - 01	同 ED - 112	引用 ED - 112	航空工业行业标准，由陕西千山航空电子有限责任公司、航空 301 所起草

编号	名称	实施日期	主要坠毁保护指标	相互关系	备注
HB 20240	《防护记录器坠毁幸存试验要求和方法》	2014 - 11 - 17 发布 2015 - 02 - 01 实施	增加强冲击试验严酷度，按国内标准进行适宜性描述 强冲击：峰值加速度 5 100g、5 ms、冲击波形积分面积 16.24 g·s 其余同 ED - 112	强冲击指标加严，基本等同 ED - 112	航空工业行业标准，由陕西千山航空电子有限责任公司、航空 301 所起草

6

飞行记录系统的应用

民用飞机飞行记录系统在民航飞行安全管理中发挥着越来越重要的作用。它不仅在事故调查中提供关键客观证据,对判断事故原因起着至关重要的作用,而且广泛地应用于飞行品质监控、日常维修监控等日常安全监控管理工作中,使安全预防关口前移,以科学的手段为飞行安全保驾护航。本章简要介绍了飞行记录系统在航空事故调查、飞行品质监控和日常维修监控中的应用。

6.1　在航空事故调查中的应用

在 1903 年莱特兄弟实现第一次动力飞行至今的一百年里,飞行安全一直是人们关注的重点。历史上每次重大的飞行事故都给人们留下了深刻的印象,并对航空公司、飞机制造商、航空法规带来了深远影响。航空事故调查就是通过对航空事故调查取证,分析查明事故原因,给出客观、公正、合理的结论,从中吸取教训,采取有效的解决措施,避免今后同类事故的发生。

航空事故调查包括飞行事故调查和地面事故调查。其中,飞行事故是指航空器在运行过程中发生的人员伤亡、航空器损坏的事件;地面事故是指在机场活动区内发生航空器、车辆、设备、设施损坏,造成直接经济损失或导致人员重伤、死亡的事件[15]。

事故调查应遵循客观、独立、深入、全面的原则。客观就是事故调查应该坚持实事求是,客观公正,科学严谨,不允许带有主观倾向性。飞行记录器设计有特殊的保护装置,具有坠毁保护能力,耐火烧,抗强冲击和深海压力,其内部的记录介质在事故中具有较高的保护率。记录介质中记录了航空器飞行状态的各种数据和驾驶舱声音,这些信息是飞行事故调查的关键客观证据,对判断事故原因起着至关重要的作用。纵观历次发生的民用飞机重大事故,基本上都是通过飞行记录器获得最直接、最可靠的证据,进而发现事故发生的原因以及潜在风险。因此,飞行记录器在事故调查、改善飞行安全方面扮演着"证人"的角色。

目前,一般民航客机上都安装有两个飞行记录器,一个 FDR、一个 CVR,或两个可互换的 EAFR。FDR 安装在飞机尾部,使飞机坠毁时对其的破坏降到最低;CVR 安装在飞机前部,有利于语音信号的采集和记录。FDR 主要记录了飞机飞行状态信息、操纵系统工作状态、发动机工作状态信息以及飞机其余各子系统及设备相关信息等,这些信息为事故调查人员分析设备技术状况,了解航空器飞行和驾驶员操纵情况等提供了客观依据。CVR 主要记录了机组内话、陆空通话、各种告警音和驾驶舱环境音,通过辨听这些声音,可以判断机组的操纵、意识、决断、心理和生理状况,还可分析航空器状态及所处环境。根据民航要求,飞行记录器的数据信息实时采集于飞机传感器和相关系统,必须保留断电前至少 25 h 的飞行数据和 2 h 的音频数据,记录的数据不可更改。作为关键客观证据,飞行记录器在事故调查中发挥着极其重要的作用。

中国民航自 20 世纪 80 年代开始在运输类飞机上安装 FDR 和 CVR,坚持与国际民航界保持一致。自此以后,民航的事故调查工作增加了一项可靠而且准确的信息资源。虽然早期的 FDR 只能提供 5 项基本参数,记录的数据较少,但与没有记录器时代的事故调查相比,已经使事故调查的效率、科学性、准确性明显地提高,后续发展到记录至少 88 个参数。21 世纪初,随着科学技术的进步,记录器不断改进,诞生了新一代记录器 EAFR,能够记录飞行数据、音频数据、视频数据、数据链通信等多种类型的数据信息,具备更强的信号接口能力,通过 ARINC 664 接口从航空电子总线获取需要的飞行数据参数,通过模拟接口获取音频信息,记录参数已达上千个(如波音 787 等),使事故调查更加广泛和深入。

6.1.1 利用飞行记录器进行事故调查的一般程序

飞行记录器在飞行事故调查中起到至关重要的作用,当发生重大航空事故时,及时找到飞行记录器并分析其记录的数据尤为重要。一旦发生飞行事故,为了获取飞行记录器信息,飞行事故调查部门首先组织人力、物力迅速寻找飞行记录器,在找到并经过妥善处理后,立即送往专门的译码分析机构,对飞行数据和驾驶舱音频信息进行译码分析,将飞行数据以曲线、列表以及三维动画等方式提交给飞行事故调查人员,将驾驶舱音频信息整理出来的录音资料提供给飞行事故调查人员,从而为飞行事故调查提供重要帮助。

通常利用飞行记录器进行事故调查的一般程序包括在事故现场搜寻记录器、记录器的保护和运输、破损记录器的实验室处理、飞行信息下载读取、飞行信息译码、飞行信息校验、飞行信息分析等[16]。记录器的现场搜寻、保护运输、实验室处理等工作有一系列规定要求和技术措施,其核心是尽快找到记录器,保护好记录介质,防止记录信息的二次破坏。任何微小信息的损失都可能影响事故调查的过程或结论,因此不要试图在现场对记录器进行任何处理,应尽快送到合格的实验室,由专业技术人员进行处理。

1) 记录器搜寻定位方法

记录器都安装有一种可以进行水下定位的信标设备(ULB),这种信标由电池和发射电路组成,信标浸水后,接通发射电路的电源,使发射电路工作,每秒发射一次工作频率为 37.5 kHz 的脉冲信号,持续时间约为 10 ms。信标能够承受 6 096 m 的水深,在 1 800～3 600 m 的范围内能够被仪器探测到,其内置的电池可连续工作至少 30 天。

当飞机失事落入水中时,ULB 自动激活并持续发出脉冲声呐信号,搜寻人员通过水下听音器(水下听音器可在小船上操作,或者由潜水员操作)确定信标在水中的位置,从而确定记录器的具体位置,实施打捞,记录器搜索过程如图 6-1 所示。

2) 记录器保护运输

记录器找到后不要在现场打开或进行处理,应妥善保护,进行严格封装,防止二次损坏,并迅速送往指定的实验室进行处理。如果记录器破损了,则不应取出固态存储介质,应将整个记录器及散落的内部零部件仔细包好后运送,避免在运输时受到碰撞损伤。如果记录器是从海水中捞出的,则应仍将其浸在盛

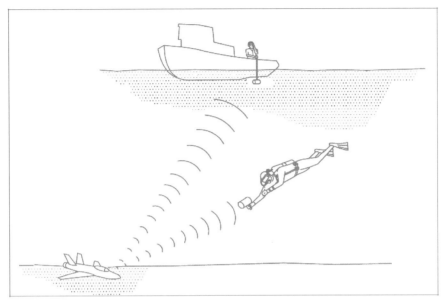

图 6-1 记录器搜索过程

有海水的密封容器内运送；如果是从淡水中捞出的，则应用淡水（最好是蒸馏水）冲洗，然后将其浸在盛有清水的容器中，运回实验室。

3）记录器的实验室处理及数据下载

记录器在到达实验室之前，需开展准备工作：搜集记录器译码所需的资料、准备光盘用于复制，同时还要准备好切割工具及其他特殊设备，以便从破损程度不同的记录器中取出记录介质，进行数据恢复。

在事故调查中为获取事故数据，一般根据事故对飞行记录器造成的损毁程度，对应选用整机级、板级或芯片级的方式下载数据，从而高效、合理地完成数据的下载，降低下载过程中对记录信息二次破坏的风险。

（1）整机级数据下载适用于飞行记录器在事故中遭受轻微损毁的情况。例如飞行记录器从机上安装位置原位拆下，经检查产品结构完整，结构无明显变形和裂纹，无火烧和进水痕迹，测量产品电源线无短路。利用数据卸载电缆将记录器与 PC 机相连，运行 PC 机上的数据下载软件，即可完成整机级数据下载，如图 6-2 所示。

图 6-2　整机级数据下载

（2）板级数据下载适用于飞行记录器在事故中遭受较严重损毁的情况。例如飞行记录器产品结构不完整,有变形、裂纹、火烧或者进水痕迹,需借助拆解工具将记录器的 CSMU 拆下,取出其内部的存储模块,更换新的存储模块转接电缆,连接专用事故处理设备的数据存储接口,利用数据卸载电缆将事故处理设备与 PC 机相连,运行 PC 机上的数据下载软件,完成板级数据下载,如图 6-3 所示。

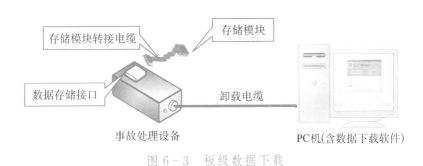

图 6-3　板级数据下载

（3）芯片级数据下载适用于飞行记录器在事故中遭受特别严重损坏的情况。例如记录器 CSMU 损毁,存储模块受损严重,检测存储模块印制板存在短路或断路现象且无法排除,则需采用芯片级数据下载,如图 6-4 所示。芯片级数据下载一般需要将存储芯片送至存储芯片制造厂家或具有分析该芯片能力

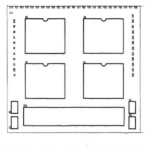

图 6-4　芯片级数据下载

的单位,采用其专用设备进行数据恢复。采用板级数据下载或芯片级数据下载时,应注意需要有专用下载设备,对于不同的记录器或存储介质,下载设备有可能不同。

4) 飞行信息译码分析

利用译码分析软件,对下载的记录器数据进行译码分析,为事故调查人员进行飞行事故调查提供帮助,如图 6-5 所示。目前普遍使用的译码分析软件主要有美国 Teledyne Controls 公司开发的 AirFASE 软件、法国 Sagem 公司开发的 AGS 软件等。

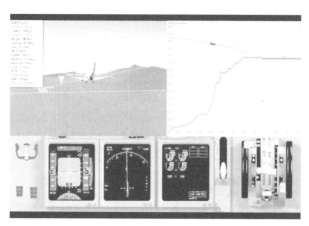

图 6-5　飞行信息译码分析软件

在事故调查中基于飞行记录器的飞行信息分析工作包括下列几个方面。

(1) 描述飞机的一般飞行状态(飞行高度、速度、航向、姿态等)。

(2) 判断发动机的工作状态。

(3) 了解飞机各主要系统(液压、燃油、电源、操纵、导航、通信等)的运行状态。

(4) 判断驾驶员的操纵情况。

（5）绘制飞行航迹及再现飞行过程。

（6）辨听和整理陆空通话及驾驶舱内通话。

（7）发现各种形式（语音、音响、灯光）的警告信息，包括主警告、空中交通警告等。

（8）判断外界环境状况的变化，如雷雨、闪电、风等。

在进行上述分析工作时应特别注意 FDR 与 CVR 的协调配合。

飞行记录器在事故调查中的成功使用，使人们充分认识到它在航空安全中的重要作用。为保证事故调查过程的保密性和公正性，中国民航局于 1992 年在中国民航科学技术研究院建立了事故处理译码中心，购置了相应的设备，专门用于事故调查译码分析。这套译码设备能对中国民航飞机上安装使用的各型 FDR 和 CVR 进行处理，历经多次重大事故的调查实践，发挥出了重大作用。

6.1.2　飞行记录器在航空事故调查中应用的典型案例

造成飞行事故的原因很多，如飞机系统故障、飞行机组操作、恶劣天气、空管导航、地面维修等。据事故统计数据分析，造成事故的主要原因有三种：

（1）飞行机组操作，即驾驶员的操作。

（2）飞机系统，即影响飞行安全的飞机部件及设备故障。

（3）气象因素，即引起飞机事故的灾难性气象条件。

1）飞行机组操作

2011 年 5 月 7 日，印尼鸽记航空公司一架 MA60 机型 PK‐MZK 飞机执行西巴布亚省索龙市飞往凯马纳县的 MZ‐8968 航班任务。准备降落时，飞机在距离跑道端头左侧约 500 m 处坠入海中，造成机上 25 人全部遇难。该飞机由中国西飞集团公司制造，FDR 由航空工业陕西千山航空电子有限责任公司制造，CVR 由 Honeywell 公司制造。

事故发生后总计 20 名潜水搜救人员投入搜救工作，飞机在事故中损毁解体，记录器（FDR 和 CVR）整体完整。经数据读出分析，在最后的飞行阶段，

FDR 记录了下列信息。

（1）飞机下降到 376 ft 气压高度（250 ft 无线电高度），然后又爬升到 585 ft 气压高度（454 ft 无线电高度）。

（2）从 376 ft 气压高度爬升期间，飞机转向左侧，倾斜角向左从 11° 增加到 33°。

（3）从 537 ft 气压高度爬升期间，加大发动机动力，左右两个发动机的扭矩分别增加到最大 70% 和 82%。

（4）记录的最高高度为 585 ft 气压高度，在此高度下飞机的速度为 124 kn，俯仰角为 1.8°，向下俯冲。

（5）当通过 570 ft 气压高度时，襟翼从位置 15 收回到 5，随后到 0。

（6）当通过 550 ft 气压高度时（410 ft 无线电高度），机组人员收回起落架。

（7）倾斜角持续增加，最大到 38°，向左。该状况发生于 482 ft 气压高度（212 ft 无线电高度）处。

（8）下降速度急剧增加，飞机最终坠入浅海。

最后 5 min 选择的飞行参数变化情况如图 6-6 所示。

结合 CVR 数据，最后飞行阶段的事件过程如下所示。

04：29：18，驾驶员报告飞行高度为 15 500 ft，距离凯马纳大约 62 mi①，飞机开始下降。

04：30：00，凯马纳机场飞行信息服务报告机场有大雨。

04：31：47，机长询问机场哪个区域晴朗，被告知机场南部晴朗。

04：31：52，机长告诉副机长飞向机场南部。

04：37：00，驾驶员报告距离凯马纳 7 mi，已飞过 8 000 ft 高度。

04：37：10，凯马纳机场飞行信息服务报告地面风速为 4 kn，能见度为 2 km，云高为 450～550 m。

04：43：46，机长询问从塔台是否可以看见 01 跑道，凯马纳机场信息服务

---

① mi：英里，长度单位，1 mi＝1.609 3 km。

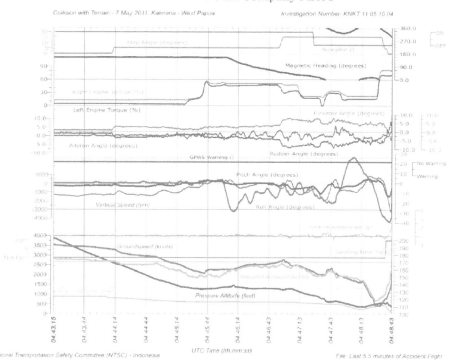

图 6-6 最后 5 min 选择的飞行参数变化情况

答复可以看见。

04：45：49，飞机进场期间，起落架放下，飞行高度为 1 274 ft，空速为 151 kn。

04：46：55，机长说选择襟翼 25（MA60 襟翼位置没有 25），襟翼运行到 15。

04：47：26，脱离自动驾驶。高度为 960 ft，空速为 153 kn，左倾 8°，左发动机扭矩为 17％，右发动机扭矩为 22％。

04：47：39，机长接管飞机，高度为 654 ft，空速为 155 kn，左倾 20°，航向为 360°。

04：47：56，增强近地警告系统发出"minimum，minimum"警告，高度为

580 ft,空速为 152 kn,右倾 7°,航向为 322°。

04∶48∶05,机长三次询问副机长是否可以看见跑道,收到答复"看不见"。高度为 456 ft,空速为 149 kn,右倾 26°,航向为 340°;

04∶48∶32,可以听见发动机声音加速,随后听见机长命令调整襟翼到 5,起落架收起,高度为 537 ft,空速为 123 kn,左倾 29°,左发动机扭矩增加到 70%,右发动机扭矩增加到 82%,航向为 357°。

04∶48∶34,左倾 33°,高度为 585 ft,空速为 125 kn,左发动机扭矩为 70%,右发动机扭矩为 82%,航向为 343°。

04∶48∶37,襟翼到达位置 5,高度为 547 ft,空速为 129 kn,左倾 36°,左发动机扭矩为 70%,右发动机扭矩为 82%;航向为 326°。

04∶48∶39,襟翼到达位置 0,左倾 38°,高度为 482 ft,空速为 140 kn,左发动机扭矩为 70%,右发动机扭矩为 82%,航向为 326°。

04∶48∶43,增强近地警告系统发出"two hundred…"随后警告"terrain, terrain";无线电高度为 151 ft;空速为 158 kn;左倾 28°,左发动机扭矩为 70%,右发动机扭矩为 82%,航向为 301°;下降速率为 2 944 ft/min。

04∶48∶45,记录终止。飞机失事,事故地点距跑道端头左侧约 500 m,飞机残骸分布在海底大约 100 m × 200 m 区域,大部分残骸沉入 7～15 m 深的浅海中。

事故原因:凯马纳机场是沿海机场,飞机进近着陆只有目视这种方式,目视着陆能见度最低标准是 5 km。事发前凯马纳机场管制员向飞行机组通报机场正下大雨,能见度为 2 km。在这种情况下,本应停止进近,然而飞行机组依然实施进近,试图看见机场跑道。当发现没有建立着陆所必需的目视参考的情况时,进行复飞,但操作失误,导致飞机加速坠海解体。

2) 飞机系统

现代飞机系统日益先进复杂,因飞机系统原因造成的事故占比也较高。飞机及系统失效原因一般分为两类:①飞机结构失效,主要是飞机承力的结构件因设计、腐蚀、疲劳等原因而失效,造成飞机事故;②飞机系统失效,飞机上各类机电或航空电子系统故障或失效,造成驾驶员无法操纵或控制飞机,从而造成飞机失事[17]。

2009 年 2 月 25 日,一架波音 737‑800 型飞机执行从土耳其伊斯坦布尔飞往荷兰阿姆斯特丹的航班,在阿姆斯特丹斯希普霍尔机场的 18 跑道进近期间,飞机坠毁在距离跑道入口约 1.5 km 的农田里,机身断成 3 截。事故造成 9 人遇难,120 人受伤。经对读出及分析飞行记录器数据,事故原因主要是飞机在进近时,左侧无线电高度表系统错误计算并显示高度"−8 ft",这个错误数值使得自动油门系统进行了错误操作,减小发动机推力造成飞机提前降落坠毁。

3) 气象因素

气象因素也是导致飞行事故的一个主要原因。当飞机遭遇雷暴、大雾天气时,强烈的大气湍流以及低能见度可能严重威胁飞行安全。当飞机在寒冷潮湿的天气中飞行时,结冰同样也会对飞行安全造成严重威胁。

2006 年 6 月 3 日,一架螺旋桨飞机在飞行训练中因空中结冰导致飞行事故。事故发生后,搜寻到的 FDR 基本完好。通过对 FDR 数据下载及译码分析,失事的直接原因是飞机多次穿越结冰区域,造成飞机空中结冰,导致失控坠毁[2]。

6.1.3 新型飞行记录器应用需求

2009 年 6 月 1 日,法国航空公司一架空客 A330 机型 AF447 号航班飞机在从里约热内卢飞往巴黎的过程中失踪,机上 228 人失联。经过近 2 年的搜索打捞,2011 年从 6 000 m 深的海底找到并打捞出失事飞机的 FDR 和 CVR,花费 5 000 万美元。事故调查组用 1 年的时间分析各种数据,2012 年才完成空难报告。

2014 年 3 月 8 日,马来西亚航空公司一架执行从吉隆坡飞往北京的 MH370 航班在飞行过程中消失,机上 239 人失联,给全世界带来巨大震惊。在人们牵挂机组成员和全体乘客生命安危的同时,各种信息却非常混乱,对飞机到底发生了什么既无从知晓也难以验证,搜救工作多次陷入迷茫。本次搜救工作协调了 20 多个国家共同行动,动用了大量的飞机、舰船、卫星定位飞机去向,搜寻地点不断变化,历经 5 年多依然没找到全部飞机残骸和黑匣子,也就无法知道飞机消失的原因。此次事件的搜救成本远远超过法航失事事件,据报道共花费约 1.5 亿美元,成为航空史上成本最高昂的空难搜索,但在寻找飞机失踪的具体信息方面收效甚微。

法航 AF447 空难和马航 MH370 失联,暴露出发生海上航空事故后应急定位功能缺失,传统的黑匣子定位和打捞技术手段不足、周期长、耗资巨大等问题。据统计,1970—2009 年,大型民用航空器在公海坠毁的 36 起事故中有 4 起未找到飞机残骸,9 起未找到黑匣子,反映出传统的采用水下信标定位方式搜寻黑匣子存在一定的局限性。传统黑匣子外部安装有一种可以进行水下定位的信标设备,这种信标浸水后可以自动激活并持续发出工作频率为 37.5 kHz 的脉冲声呐信号,每秒一个脉冲,在距离信标 1 800～3 600 m 的范围内能够被仪器探测到,海水的状态、周围的船只、海洋动物、石油管道以及其他因素造成的周围噪声都会影响信标的被探测范围。ULB 内置的电池可连续工作至少 30 天,30 天后随着电量逐渐耗尽,超声波信号将越来越微弱直至停止工作。

在法航 AF447 失事后,ICAO 对飞机定位和参数实时传输等技术进行了深入探讨,提出了“在飞机飞行过程中,通过卫星通信、移动通信等无线传输技术将飞行高度、巡航速度、发动机转速等部分关键参数实时传回地面数据中心”的建议,讨论了在民用飞机上安装抛放式飞行记录器(air deployable flight recorder, ADFR)的可行性,以及如何修订 ULB 性能规范等议题。国际飞行记录器专家组也提出建议:在长距离跨海运营的飞机上,应该安装具有应急定位功能的 ADFR。

ADFR 是一种新型飞行记录器,这种新型记录器不但集成有应急定位发射机(emergency locating transmitter, ELT),而且可以探测到飞机发生的灾难性事件并能与飞机快速自动分离。如果落在陆地上,则可避免机体残骸的冲击和火烧等破坏；如果落在海上，则可避免随机体坠入海底，并具有自动扶正能力，可长时间漂浮在海面上。ADFR 内置的卫星定位信标可以在坠毁后立即定位，并可通过短报文功能直接向地面指挥中心发送报警和定位数据，以便第一时间准确定位和搜救打捞，提高事故救援效率，缩短事故调查时间。

目前，有关 ADFR 和新的 ULB 国际标准已完成更新和发布。根据新标准的要求，ADFR 必须可以发射 406 MHz 的无线电信号至少 24 h，以及发射 121.5 MHz 的无线电信号至少 150 h；飞行记录器的 ULB 工作时间应不少于 90 天。据报道，空客公司计划于 2019 年在 A350XWB 等飞机上安装 ADFR。

马航 MH370 事件促使全球民航界关注航空器追踪监控，ICAO 通过了"全球海上遇险与安全系统（global maritime distress and safety system，GMDSS）"运行概念，包括高层次要求的概念要求、主要特性、系统规范及当前运行环境需改善的方面等。2015 年 11 月，ICAO 理事会通过了《国际民航公约》附件 6 第 Ⅰ 部分的第 39 次修订，制定了例行航空器追踪规范，并强制要求航空承运人在 2018 年 1 月 8 日前实现对于海洋区域运行，至少每 15 min 通过自动报告追踪航空器位置（4D/15 追踪）。为了实现中国民用航空器全球位置追踪，2015 年 CAAC 提出《中国民航航空器追踪监控体系建设实施路线图》，总体目标为要建成基于星基"北斗"的、具有自主知识产权的中国民航航空器追踪监控体系，实现对中国民航航空器全球运行持续监控、安全管理与应急处置。

6.2　在飞行品质监控中的应用

现代飞机上都装有 QAR，具有大容量记录的能力，其记录的数据与 FDR 相似，是对 FDR 飞行数据的一个备份。QAR 数据存储在可快速拔插的数据卡（如 PC 卡）中，不具有坠毁保护能力，通过拔插数据卡读取记录的飞行数据可以实现数据的快速下载，其记录的数据主要用于飞行品质监控和飞机日常维修监控。

随着无线通信技术的高速发展,近几年诞生了 WQAR,并普遍在民航运输机上安装应用。WQAR 与 QAR 一样是记录飞行数据的高容量记录器,但不需要手动下载数据。当飞机着陆后,数据通过无线网络自动、快速、远程传输到地面数据中心,从而减少了数据人工分发与中转环节,节省了人力资源投入和相关费用,大幅提升了飞行数据下载工作的效率,极大方便了飞机运营监控和日常维修监控。

6.2.1 飞行品质监控概述

据权威资料统计,70%的飞行事故是机组操纵不当造成的。为了提高飞行安全,降低事故的发生率,必须在飞机日常运营中开展飞行品质监控工作,评估和监控飞行操纵情况,从而保证飞行安全,预防飞行事故的发生。

飞行操作品质监控(flight operations quality assurance,FOQA)是一种主动性的预防和减少飞行事故的安全监管技术手段,在航空公司日常运行监控中得到广泛应用。按照飞行安全基金会的定义,FOQA 通过对记录器记录的飞机在飞行过程中的一系列飞行数据进行科学分析,发现飞行安全隐患,提高飞行操作的安全性,改善空中交通管制程序,指导机场与飞机的设计与维护,其在预防飞行事故、保证航空运输持续安全方面发挥了重要的作用。

飞行品质监控的价值在于通过监测飞行参数超限情况,尽早地识别出不符合标准的操作、存在缺陷的程序、航空器性能的衰减、空中交通管制系统的不完善等安全隐患,为改进措施的制定及实施提供数据和信息支持。飞行品质监控是国际上公认的保证飞行安全的重要手段之一,已得到世界民航业的普遍认可。国际民用航空公约附件 6 规定最大起飞全重超过 27 000 kg 的飞机的运营人应制订并实施飞行品质监控方案,作为其安全管理体系的一部分。同时建议最大起飞全重超过 20 000 kg 的飞机的运营人制订并实施飞行品质监控方案。

中国民航局为提高航空安全水平,从 1997 年开始在所有合格证持有人中推行飞行品质监控工程,并颁布适航指令《关于加装快速存取记录器(QAR)的规定》,规定从 1998 年 1 月 1 日起实施,在中国境内注册并运营的运输飞机应当安装 QAR 或等效设备。2000 年,中国民航局航空安全办公室颁布了《飞行品质监控工作管理规定》,从"设备和监控要求""机构设置和人员""运行"三方面提出了工作要求,规范了飞行品质监控工作,明确要求航空公司运行的飞机实现 100% 监控,航段监控率应不低于 85%。2012 年,中国民航局飞行标准司颁布《飞行品质监控(FOQA)实施与管理》咨询通告,明确了飞行品质监控工作流程[18],如图 6-7 所示,对航空公司建立和实施符合局方要求的飞行品质监控项目提供了指导。

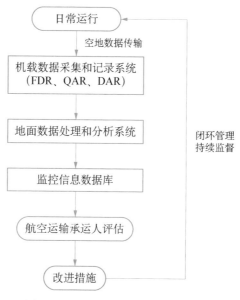

图 6-7 飞行品质监控工作流程

中国是世界上第一个由政府规定开展飞行品质监控的国家,也是唯一一个航空公司必须向管理当局提交飞行数据监控结果的国家。从 1999 年开始,飞行品质监控工作正式在全民航系统内广泛展开,取得了显著成效,对提高航空公司的安全水平,降低运行风险具有重大意义。2013 年 10 月,中国民航局批复建立中国民航飞行品质监控基站,建设该基站主要是为了完善民航局的安全政策、标准、规范,分析民航公司的安全形势,研究典型不安全事件,并提供资料支援民航局的查核工作。系统建成后,可利用 WQAR 数据的高可靠性和准实时性,全面、及时地收集全行业飞行品质数据,发挥"互联网＋航空安全管理"的大数据优势,为全行业提供定量的运行安全现状和趋势分析,加大行业安全、技术趋势分析和典型不安全事件掌控力度,促进建设我国民航业诚信体系。同时航空公司可以通过该平台了解同机型、同航线的平均运行安全水平及主要超限事件;航空器制造企业可以了解不同座级航空器在运行中存在的主要问题。

飞行品质监控的重要基础工作是制定监控项目和监控标准。其中,监控项目是指根据不同的飞行阶段预先设定的飞行参数监控内容;监控标准是指针对监控项目设定的阈值。每个监控项目都制定相应的监控标准,超过该标准称为触发超限事件,说明飞行操纵品质存在问题,监控项目和标准的设定应便于安全管理人员分析查找原因。

航空公司飞行品质监控的监控项目和监控标准是参照飞行手册、机组训练手册、飞行技术检查评分标准、事故征候标准及航空公司的内部规定和要求设定的。监控内容涉及起飞滑跑、起飞、爬升、巡航、下降、进近、着陆和落地后滑行等飞机运行阶段的重要参数,例如高度、速度、俯仰率、坡度、过载、下降率、近地警告系统参数及其他等。按照设定的方式将飞行参数进行整合、计算,定义一系列的监控项目,并对每个监控项目设定了监控标准。

飞行品质监控的监控项目包括几十至上百个飞行品质监控事件,当事件发生后,需要根据事件的严重程度采取相应的处理方法。2000 年,中国民航局制定并发布了《飞行品质监控工作管理规定》,根据各类事件的严重程度,对事件的严重性制订了三个等级。

(1)重要事件:航空公司认定的、对飞行安全有重大影响的超限事件。

(2)超限事件:超出航空公司监控标准最高限制值的事件,包括各种不规范操纵行为及其造成的后果。

（3）一般事件：超出航空公司飞行品质监控标准最低限制值，但未超过监控标准最高限制值的事件。

飞行品质监控的常用分析方法包括超限分析和统计分析。统计分析与超限分析最大的区别在于前者着重于飞行运行的整体情况，评估整个系统的风险程度，而不局限于独立的超限事件。

1）超限分析

超限分析主要是在地面数据处理和分析系统上设置监控项目和监控标准，进行参数过滤和超限事件探测。这些参数极值的确定可以按照飞行阶段、机场、跑道进行分类，并在恰当的时机用于鉴别事件类型。超限分析的主要手段是超限事件的判断，当某一参数达到监控时机时，系统会根据监控条件自动判断是否触发超限事件，并且超限事件的发生规定了不同的超限等级。超限等级建立在对操纵人员的风险评估的基础上，判断超限等级可以帮助驾驶员有重点地针对操纵过程中的行为进行纠正，从而避免可能出现的事故。当某超限事件的发生达到严重级别时，会有"警告"出现，提示驾驶员应立即改变飞行状况。

2）统计分析

统计分析根据不同的参数分布建立飞行、维修或工程等操作程序的分析剖面，进而了解参数偏差和风险程度，监测飞行运行情况，发现可能导致偏差的原因，在达到超限水平并引发大量事件前，控制发展趋势。常用的统计分析方法有两种方式：一种是数值计算，即计算常用统计量的值，通过数值准确反映数据的基本统计特征，反映变量统计特征上的差异；另一种是绘制统计图，按照飞行阶段、机场、机型、各种超限事件发生的次数和频率等进行分类统计，用条形图、折线图、直方图等形象直观地描述数据的变化趋势，例如地面数据处理中心会捕捉每次飞行任务最终进近阶段的最大空速，根据捕获到的数据绘制图形以观察所有飞行任务的执行情况，从而确定是否会导致不稳定的进近或着陆。

6.2.2 空客和波音系列飞机飞行品质监控应用

针对国内航空公司目前普遍在运营的空客和波音系列飞机,中国民航局在《飞行品质监控(FOQA)实施与管理》中发布了空客、波音系列飞机飞行品质监控规范,如本章末的表6-1和表6-2所示,明确了空客和波音系列飞机的监控项目和要求,航空公司监控标准不得低于该监控规范。其他机型的标准可以参考空客或波音飞行品质监控标准制定。

一般飞行品质监控系统集成了飞行数据获取、数据译码、事件探测、报告生成和飞行过程再现等功能。这些系统为辅助分析人员发现安全隐患、识别运行趋势、及早采取预防措施提供了重要帮助。

波音公司对1959—2016年所有商用飞机发生的事故进行了统计分析,如图6-8所示。

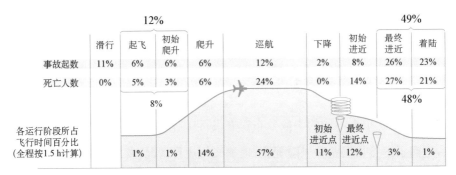

图6-8 1959—2016年波音公司所有商用飞机发生的事故(按飞行阶段统计)

从图中可以看出,综合考虑各阶段飞行时间、事故次数以及死亡人数,起飞和初始爬升、最终进近和着陆是事故风险最大的两个阶段。起飞和初始爬升阶段占2%飞行时间,发生了12%的事故,造成了8%的死亡人数;最终进近和着陆阶段占4%的飞行时间,但发生了49%的事故,造成了48%的死亡人数。虽然巡航阶段也发生了12%的事故,造成了24%的死亡人数,但该阶段占57%的飞行时间。

对1949—2016年中国民航发生的118起运输航空事故进行了统计分析,

如图6-9所示。从图中可以，起飞和初始爬升阶段、进近和着陆阶段发生的事故占全部事故的61%。

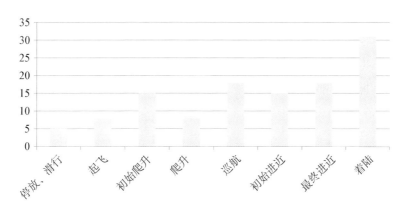

图6-9　1949—2016年中国民航发生的118起运输航空事故（按飞行阶段统计）

综上所述，无论从全球民航还是中国民航看，起飞和初始爬升阶段、最终进近和着陆阶段在航空器运行过程中发生事故风险均排在前两位，尤其是最终进近着陆阶段发生事故的安全风险更高。

6.2.3　新舟系列飞机飞行品质监控应用

针对国产新舟系列飞机，民航飞行安全部门牵头组织飞机制造商和航空公司，根据新舟系列飞行机组操作手册（flight crew operation manual，FCOM）、标准操作程序（standard operational procedure，SOP）等，结合波音和空客系列飞机飞行品质监控标准规范，制定出新舟系列飞机飞行品质监控标准规范，如本章末的表6-3所示，实施对新舟系列飞机的飞行品质监控。

国内有关企业根据该监控标准规范，开发了飞行品质监控软件，如航空工业陕西千山航空电子有限责任公司开发的FRAMS软件，实现了对新舟系列飞机的飞行品质监控分析。

6.3 在日常维修监控中的应用

QAR 中记录了大量飞机子系统及设备的工作状态信息,通过分析这些数据,可以掌握相应部件的工作情况。充分利用这些信息,航空公司可以在日常维修监控中开展飞机故障诊断和飞机寿命监控工作,进一步降低运营成本。目前日常维修监控主要由各航空公司按照各自需求进行,尚没有形成统一的监控标准。

6.3.1 在飞机故障诊断中的应用

对民航业而言,航班安全正点是其追求的首要目标,它不仅会影响航空公司的企业形象和经济效益,而且也是保障旅客与机组人员人身安全及财产不受损害的重要前提。影响航班安全正点的因素很多,诸如驾驶员操作能力、飞机系统故障、维修质量、机场设施、交通管理、天气等等,飞机系统故障是其中的主要因素。现代民机综合应用了机械、电子、计算机及自动控制等多学科的先进技术,作为一种复杂的机电设备,由于人为失误、材料缺陷、制造误差及使用环境波动等因素的影响,以及疲劳、磨损和老化等效应的存在,在飞行过程中不可避免地会发生各种故障。鉴于飞机故障可能会带来灾难性的后果,因此故障诊断对保证其安全正常地运营十分重要。

由于故障诊断过程复杂,故障诊断技术呈现多学科交叉的特点,因此故障诊断方法大致可分为三类。

(1)传统的故障诊断方法。通过伴随故障出现的各种物理和化学现象,直接检测故障。这种方法形象、快速、十分有效,但只能检测部分故障。

(2)故障诊断的数学方法。该方法基于对故障信息和故障机理的数学处理,包括信号处理和建模处理两大内容。例如基于概率统计的诊断方法、基于可靠性分析和故障树分析的诊断方法等。

（3）故障的智能诊断方法。将人工智能的理论和方法用于故障诊断，是故障诊断的一条全新途径。例如故障诊断专家系统、人工神经网络等。

QAR 中记录了飞机、发动机和机载设备的工作状态、故障信息以及驾驶员的操纵信息，利用故障诊断专家系统，经过数据译码处理和数据判读，可以了解飞机各系统的日常工作状态，及时发现各类故障或故障隐患，实现快速准确的故障定位，从而有针对性地进行维护工作。

通常故障诊断专家系统的核心由知识库和推理机两部分组成，基本结构如图 6-10 所示。实际的专家系统还应有知识获取模块、知识库管理维护模块、解释模块、显示模块以及人机界面等。

知识库是知识的存储机构，用于存储、管理特定领域中包括专家经验在内的各种知识。知识库中的知识来源于知识获取，同时它又为推理机提供求解问题所需的知识。

推理机是专家系统的思维机构，从知识库中获取推理所用到的知识，模拟领域专家的思维过程，控制并执行对问题的求解。

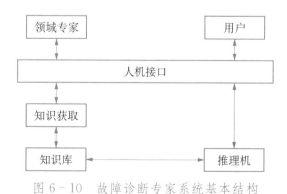

图 6-10　故障诊断专家系统基本结构

在飞机故障诊断过程中，基于 QAR 数据的故障诊断专家系统一般组成如下：征兆获取、推理机、解释器、知识维护等模块以及动态库、规则库、征兆模式

库等数据库,其中:

(1) 征兆获取是诊断的起始条件,根据征兆模板库对输入的 QAR 工程值数据进行分析,提取故障征兆模式,为推理机提供输入。

(2) 推理机用于记忆所采用的规则和控制策略的方式,它使整个专家系统能够以逻辑方式协调地工作。根据规则库中的规则,对故障征兆进行推理诊断并给出诊断结果。

(3) 解释器用于向用户解释专家系统的行为,包括推理结论的正确性、推理过程,以便用户理解推理结果以及对系统进行进一步优化。

(4) 知识维护主要用于对规则库、征兆模式库中的规则以及征兆模式进行维护、更新,包括添加知识、删除知识以及编辑知识等。

(5) 动态库用于存储初始数据以及推理过程的中间数据。

(6) 规则库用于存储进行推理的诊断规则,是推理诊断赖以运行的知识基础。

(7) 征兆模式库用于存储各种征兆模式,供征兆获取模块调用,以提取 QAR 数据中隐藏的故障征兆。

目前,航空公司普遍采用诸如 AirFase、AGS 和 APMS 等软件,广泛应用于飞机日常监控中。AirFase 和 AGS 软件内嵌专家知识库,采用正向推理的方法对飞行数据进行分析,实现故障诊断。APMS 采用非监督学习方式,不需要专家知识,通过对大量数据进行分析,自动识别出存在异常的飞行架次。这些软件通过对历史数据进行高效的集中管理,利用人工智能的方法对历史数据进行分析,提供长期安全趋势识别以及单机、机队、机群的健康管理服务等。

6.3.2　在飞机使用寿命监控中的应用

利用 QAR 可以对主要结构部件进行寿命监控,通过编制飞机的疲劳载荷谱,监控飞机主要结构部件疲劳寿命,可准确掌握单机结构寿命,从而改变过去以飞行小时和起降次数为指标的一刀切寿命监控模式,避免结构寿命浪费,为合理调配飞机的使用提供科学依据。以发动机性能趋势监控管理为例进行简要介绍。

可处理 QAR 中记录的数据,对发动机使用过程产生的参数进行连续的监控,分析变化规律,通过对数据的量变分析,掌握发动机的衰减规律,达到预判发动机质变的效果。

发动机的性能监控主要针对以下参数进行分析:发动机高压转子转速(N2),发动机排气温度,大气总温(发动机起飞状态工作时的气温),发动机低压转子转速(N1),发动机前、后壳体振动,滑油压力。通过分析找出发动机高压转子转速和发动机排气温度的衰减规律或者变化趋势,提出发动机的使用和维修建议。

6.3.3 在降低运营成本方面的应用

随着民航业的不断发展,民航运输客运量持续增加,航程不断延长,燃油成本已经成为航空公司增长最快的成本因素。近年来,国内航空燃油价格受国际燃油价格的影响不断飙升,致使国内航空公司的运营成本不断增加,为航空公司带来了前所未有的挑战。在诸多竞争中,降低以燃油为主的直接运营成本,提高燃油效益是最为有效的手段,节油已经成为航空公司成本控制中首要考虑的因素。

充分利用 QAR 记录数据,可以计算和分析飞机燃油消耗,相应调整航线、航班的签派和运营程序,便于节省燃油、提高运营效率。如 SAGEM 公司的 AGS 软件嵌套了飞机性能监控(aircraft performance monitoring,APM)软件,具有燃油消耗分析的功能,如图 6-11 所示,利用 QAR 记录数据可实现对飞机燃油消耗的分析和统计。目前已经在多家航空公司成熟应用。

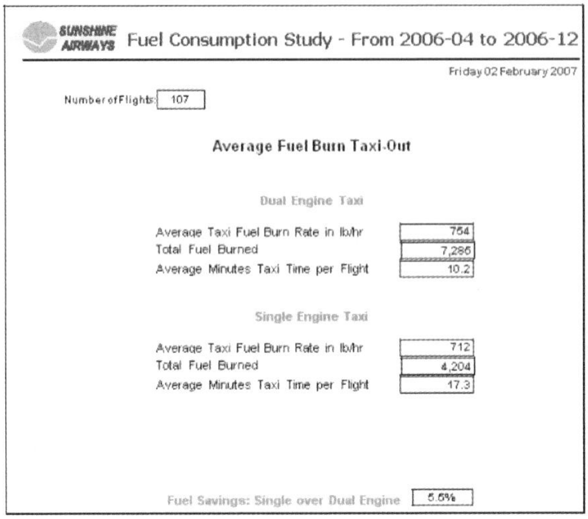

图 6-11 AGS 软件燃油消耗分析

表 6-1 空客系列飞机飞行品质监控项目和要求

序号	监控项目	监控参数	监控点	偏差限定值			备注
				轻度偏差	严重偏差	持续时间	
1	直线滑行速度大	地速	地面滑行	>30 kn	>40 kn	3 s	跑道上除外
2	转弯滑行速度大	地速	地面滑行	>15 kn	>18 kn	2 s	大于60°的转弯
3	起飞滑跑方向不稳定	磁航向，前空地开关	对正跑道，接通起飞马力至前轮离地	>3°	>5°	2 s	偏离跑道方向
4	超过最大起飞重量	全重	—	—	大于最大起飞重量/kg	—	—
5	中断起飞	空速	—	—	探测到	—	在速度大于80 kn后又降至60 kn以下

（续表）

序号	监控项目	监控参数	监控点	偏差限定值		持续时间	备注
				轻度偏差	严重偏差		
6	起飞形态警告	—	—	—	探测到	—	—
7	抬前轮速度大	空速，前空地开关	抬前轮时刻	$>(V_R+15)/\text{kn}$	$>(V_R+20)/\text{kn}$	—	—
8	抬前轮速度小	空速，前空地开关	抬前轮时刻	$<V_R$	$<(V_R-5)/\text{kn}$	—	—
9	离地速度大	空速，主空地开关	主轮离地时刻	$>(V_2+25)/\text{kn}$	$>(V_2+30)/\text{kn}$	—	—
10	离地速度小	空速，主空地开关	主轮离地时刻	$<V_2/\text{kn}$	$<(V_2-5)/\text{kn}$	—	—
11	离地俯仰角大	俯仰角，主空地开关	主轮离地时刻	大于80%的机型擦尾角/(°)	大于90%的机型擦尾角/(°)	—	—
12	抬前轮速率大	俯仰角，前空地开关，主空地开关	抬前轮至主轮离地	$>3.5°/\text{s}$	$>4°/\text{s}$	—	—
13	抬前轮速率小	俯仰角，前空地开关，主空地开关	抬前轮至主轮离地	$<1.3°/\text{s}$	$<1°/\text{s}$	—	—
14	超过轮胎限制速度	地速	飞机在地面上	—	大于轮胎型号限制值/kn	—	—
15	初始爬升速度大	空速，AAL	11～305 m	$>(V_2+30)/\text{kn}$	$>(V_2+35)/\text{kn}$	2 s	—
16	初始爬升速度小	空速，AAL	11～305 m	—	$<V_2/\text{kn}$	2 s	—
17	起飞滚转角大	滚转角，AAL	0～11 m(含)	$>5°$	$>6°$	—	—

序号	监控项目	监控参数	监控点	偏差限定值			备注
				轻度偏差	严重偏差	持续时间	
18	爬升滚转角大	滚转角，AAL	$11 \sim 122$ m（含）	$>20°$	$>25°$	2 s	—
19	滚转角大	滚转角，AAL	122 m 以上	$>30°$	$>35°$	2 s	—
20	初始爬升掉高度	AAL	457 m 以下	>9 m	>30 m	—	—
21	超过起落架限制速度	空速，马赫数，起落架位置		—	大于限定值		
22	起飞收襟翼早	襟翼位置，AAL		<244 m	<213 m	—	—
23	起飞收起落架晚	起落架状态，AAL		>91 m	>152 m	—	—
24	收襟翼速度小	空速，襟翼位置		小于(F 速度−5)/kn	小于(F 速度−10)/kn	—	—
25	超过襟翼限制高度	空速，襟翼位置		—	$>6\ 096$ m	—	—
26	超过放襟翼的最大允许速度(V_{FE})	空速，襟翼位置		—	$>V_{FE}$/kn	2 s	—
27	超过最大操纵空速(V_{mo})	空速		—	$>V_{mo}$/kn	2 s	—
28	超过最大马赫数(M_{mo})	马赫数		—	$>M_{mo}$/kn	2 s	—
29	空中垂直过载超限	垂直过载		—	$>1.8g_n$ 或 $<0.3g_n$	—	g_n是标准自由落体加速度

（续表）

序号	监控项目	监控参数	监控点	偏差限定值		持续时间	备注
				轻度偏差	严重偏差		
30	近地警告	近地警告	—	—	探测到	—	—
31	下降率大	IVV，AAL	610～305 m（含）	＞457 m/min	＞549 m/min	3 s	—
			305～152 m（含）	＞396 m/min	＞457 m/min	3 s	—
			152～15 m	＞335 m/min	＞396 m/min	2 s	—
32	进近滚转角大	滚转角，AAL	457～152 m（含）	＞30°	＞35°	2 s	—
			152～61 m（含）	＞15°	＞20°	2 s	—
			61～15 m（含）	＞8°	＞10°	2 s	—
33	着陆滚转角大	滚转角，AAL	15 m 至所有机轮接地	＞4°	＞6°	1 s	—
34	低高度使用减速板	减速板，AAL	使用减速板	—	＜350 m		—
35	进近速度小	空速，AAL	305～15 m（含）	＜$(V_{APP}-5)$/kn	＜$(V_{APP}-10)$/kn	2 s	—
36	进近速度大	空速，AAL	152～15 m（含）	＞$(V_{APP}+15)$/kn	＞$(V_{APP}+20)$/kn	3 s	—
37	着陆速度大	空速，AAL	15 m 以下	＞$(V_{APP}+11)$/kn	＞$(V_{APP}+15)$/kn	1 s	—
38	ILS 下滑道偏离	下滑道偏离，AAL	305 m 以下	＞1.0 点	＞1.5 点	2 s	—
39	ILS 航向道偏离	航向道偏离，AAL	305 m 以下	＞1.0 点	＞1.5 点	2 s	—

序号	监控项目	监控参数	监控点	偏差限定值			备注
				轻度偏差	严重偏差	持续时间	
40	选择着陆构型晚	襟翼位置，缝翼位置，AAL	着陆构型伸出时刻	<305 m	<152 m	—	
41	复飞形态不正确	起落架位置，襟翼位置，缝翼位置	—	—	探测到	—	起落架放下，着陆构型
42	非着陆构型落地	襟翼位置，缝翼位置	—	—	探测到	—	非着陆襟翼、缝翼位置
43	接地俯仰角大	俯仰角，主空地开关	主轮接地时刻	大于80%的机型擦尾角(°)	大于90%的机型擦尾角(°)	—	—
44	接地俯仰角小	俯仰角，主空地开关	主轮接地时刻	<1°	<0.5°	—	—
45	15 m 至接地距离远	地速积分距离	15 m 至接地	>750 m	>900 m	—	—
46	超过最大着陆重量	全重	—	—	大于最大着陆重量/kg	—	—
47	着陆垂直过载大	垂直过载	接地前 2 s 到接地后 5 s 内	>1.60g_n	>1.80g_n	—	g_n 是标准自由落体加速度
48	着陆滑跑方向不稳定	磁航向	前轮接后地	>3°	>5°	2 s	偏离跑道方向
49	最大反推使用速度小	地速，反推	开始收反推时刻	—	<30 kn	—	—
50	烟雾警告	货舱、电子舱、盥洗室烟雾警告	—	—	探测到	—	—

（续表）

序号	监控项目	监控参数	监控点	偏差限定值			备注
				轻度偏差	严重偏差	持续时间	
51	主警告	主警告	—	—	探测到	3 s	—
52	双侧杆输入		—	—	探测到	2 s	不适用机型：A300、A310
53	风切变警告	风切变警告	AAL<457 m	—	探测到	2 s	—
54	低空大速度	空速，AAL	762 m 以下	>230 kn	>250 kn	2 s	—
55	TCAS RA 警告	TCAS RA	—	—	探测到	2 s	—
56	巡航中自动驾驶仪脱开	自动驾驶仪		—	探测到	5 s	—
57	迎角平台	α Floor	—	—	探测到	—	不适用机型：A300、A310
58	备用法则	备用法则	—	—	探测到	—	不适用机型：A300、A310
59	直接法则	直接法则	—	—	探测到	—	不适用机型：A300、A310

表 6-2　波音系列飞机飞行品质监控项目和要求

序号	监控项目	监控参数	监控点	偏差限定值			备注
				轻度偏差	严重偏差	持续时间	
1	直线滑行速度大	地速	地面滑行	>30 kn	>40 kn	3 s	跑道上除外

序号	监控项目	监控参数	监控点	偏差限定值		持续时间	备注
				轻度偏差	严重偏差		
2	转弯滑行速度大	地速	地面滑行	>15 kn	>18 kn	2 s	大于60°的转弯
3	90 kn后推力不一致	N1和空速	90 kn后	>3% r/min	>5% r/min	1 s	N1或EPR差值
		EPR和空速		>0.05% r/min	>0.1% r/min		
4	起飞滑跑方向不稳定	磁航向，TOGA或EPR电门，前空地开关	对正跑道，接通起飞马力至前轮离地	>3°	>5°	2 s	偏离跑道方向
5	超过最大起飞重量	全重	—	—	大于最大起飞重量/kg	—	—
6	起飞EGT超限	EGT	—	—	大于限制值/℃	1 s	—
7	中断起飞	空速	—	—	探测到	—	在空速大于80 kn后又降至60 kn以下
8	起飞形态警告	—	—	—	探测到	—	—
9	抬前轮速度大	空速，前空地开关	抬前轮时刻	>(V_R+15)/kn	>(V_R+20)/kn	—	—
10	抬前轮速度小	空速，前空地开关	抬前轮时刻	<V_R/kn	<(V_R-5)/kn	—	—
11	离地速度大	空速，主空地开关	主轮离地时刻	>(V_2+25)/kn	>(V_2+30)/kn	—	—
12	离地速度小	空速，主空地开关	主轮离地时刻	<V_2/kn	<(V_2-5)/kn	—	—

（续表）

序号	监控项目	监控参数	监控点	偏差限定值			备注
				轻度偏差	严重偏差	持续时间	
13	离地俯仰角大	俯仰角，主空地开关	主轮离地时刻	大于80%的机型擦尾角°	大于90%的机型擦尾角°	—	—
14	抬前轮速率大	俯仰角，前空地开关，主空地开关	抬前轮至主轮离地	>3.5°/s	>4°/s	—	—
15	抬前轮速率小	俯仰角，前空地开关，主空地开关	抬前轮至主轮离地	<1.3°/s	<1°/s	—	—
16	超过轮胎限制速度	地速	飞机在地面	—	大于轮胎型号限制值/kn	—	—
17	初始爬升速度大	空速，AAL	11~305 m	$>(V_2+30)$/kn	$>(V_2+35)$/kn	2 s	
18	初始爬升速度小	空速，AAL	11~305 m	—	$<V_2$/kn	2 s	
19	起飞滚转角大	滚转角，AAL	0~11 m(含)	>5°	>6°	—	
20	爬升滚转角大	滚转角，AAL	11~46 m(含)	>10°	>15°	2 s	
			46~122 m(含)	>15°	>25°	2 s	
21	滚转角大	滚转角，AAL	122 m以上	>33°	>35°	2 s	—
22	自动驾驶仪接通早	自动驾驶仪，AAL	自动驾驶仪接通时刻	—	小于手册规定高度值	—	—
23	初始爬升掉高度	AAL	457 m以下	>9 m	>30 m	—	—

序号	监控项目	监控参数	监控点	偏差限定值			备注
				轻度偏差	严重偏差	持续时间	
24	超过起落架限制速度	空速,马赫数,起落架位置	—	—	大于限定值（kn 或马赫数）	—	—
25	起飞收襟翼早	襟翼位置,AAL	—	<244 m	<213 m	—	—
26	起飞收起落架晚	起落架状态,AAL	—	>91 m	>152 m	—	—
27	起飞或复飞收襟翼速度小	空速,襟翼手柄位置	—	小于(设定值-5)/kn	小于(设定值-10)/kn	1 s	—
28	超过襟翼限制高度	空速,襟翼手柄位置	—	—	$>6\,096$ m	—	—
29	超过放襟翼的最大允许速度(V_{FE})	空速	—	—	$>V_{FE}$/kn	2 s	—
30	超过最大操纵空速(V_{mo})	空速	—	—	$>V_{mo}$/kn	2 s	—
31	超过最大马赫数(M_{mo})	马赫数	—	—	$>M_{mo}$/kn	2 s	—
32	小于最小机动速度	空速	—	小于(最小机动速度-5)kn	小于(最小机动速度-10)kn	2 s	—
33	空中垂直过载超限	垂直过载	—	—	$>1.80g_n$ 或 $<0.30g_n$	—	g_n 是标准自由落体加速度
34	近地警告	近地警告	—	—	探测到	—	—

（续表）

序号	监控项目	监控参数	监控点	偏差限定值			备注
				轻度偏差	严重偏差	持续时间	
35	下降率大	IVV，AAL	610 ~ 305 m（含）	>457 m/min	>549 m/min	3 s	—
			305~152 m（含）	>396 m/min	>457 m/min	3 s	—
			152~15 m	>335 m/min	>396 m/min	2 s	—
36	进近滚转角大	滚转角，AAL	457 ~ 152 m（含）	>30°	>35°	2 s	—
			152 ~ 61 m（含）	>15°	>20°	2 s	—
			61 ~ 15 m（含）	>8°	>10°	2 s	—
37	着陆滚转角大	滚转角，AAL	15 m 至所有机轮接地	>4°	>6°	1 s	—
38	低高度使用减速板	减速板，AAL	使用减速板	—	<305 m	—	—
39	进近速度小	空速，AAL	305 ~ 15 m（含）	<(V_{ref} − 5)/kn	<(V_{ref} − 10)/kn	2 s	—
40	进近速度大	空速，AAL	152 ~ 15 m（含）	>(V_{ref} + 25)/kn	>(V_{ref} + 30)/kn	3 s	—
41	着陆速度大	空速，AAL	15 m 以下	>(V_{ref} + 15)/kn	>(V_{ref} + 20)/kn	1 s	—
42	ILS 下滑道偏离	下滑道偏差，AAL	305 m 以下	>1.0 点	>1.5 点	2 s	—
43	ILS 航向道偏离	航向道偏差，AAL	305 m 以下	>1.0 点	>1.5 点	2 s	—
44	选择着陆襟翼晚	襟翼位置，AAL	着陆襟翼伸出时刻	<305 m	<152 m	—	—

序号	监控项目	监控参数	监控点	偏差限定值			备注
				轻度偏差	严重偏差	持续时间	
45	复飞形态不正确	起落架位置,襟翼位置,缝翼位置	—	—	探测到	—	起落架放下,着陆襟翼,缝翼
46	非着陆襟翼落地	襟翼位置,主空地开关	—	—	非30°或40°	—	适用于波音737
47	接地俯仰角大	俯仰角,主空地开关	主轮接地时刻	大于80%的机型擦尾角(°)	大于90%的机型擦尾角(°)	—	—
48	接地俯仰角小	俯仰角,主空地开关	主轮接地时刻	<1.0°	<0.5°	—	—
49	15 m 至接地距离远	地速积分距离	15 m 至接地	>750 m	>900 m	—	—
50	超过最大着陆重量	全重	—	—	大于最大着陆重量/kg	—	—
51	着陆垂直过载大	垂直过载	接地前 2 s 至接地后 5 s 内	大于80%的机型结构检查 g_n	大于90%的机型结构检查 g_n	—	g_n 是标准自由落体加速度
52	着陆滑跑方向不稳定	磁航向	前轮接地后	>3°	>5°	2 s	偏离跑道方向
53	最大反推使用速度小	地速,反推	开始收反推时刻	—	<30 kn	—	—
54	烟雾警告	货舱、电子舱、盥洗室烟雾警告	—	—	探测到	—	—
55	主警告	主警告	—	—	探测到	3 s	—
56	风切变警告	风切变警告	AAL<457 m	—	探测到	2 s	—

（续表）

序号	监控项目	监控参数	监控点	偏差限定值			备注
				轻度偏差	严重偏差	持续时间	
57	低空大速度	空速，AAL	762 m 以下	＞230 kn	＞250 kn	2 s	—
58	TCAS RA 警告	TCAS RA	—		探测到	—	—
59	巡航中自动驾驶仪脱开	自动驾驶			探测到	5 s	—
60	抖杆警告	抖杆警告	—		探测到	—	—

表 6－3　新舟系列飞机飞行品质监控项目和要求

序号	监控项目	监控参数	监控点	超限限定值			备注
				轻度超限	严重超限	持续时间	
1	直线滑行速度大	地速	地面滑行	＞40 kn	＞45 kn	3 s	跑道上除外
2	转弯滑行速度大	地速	地面滑行	＞15 kn	＞20 kn	3 s	转弯航向变化大于8°
3	双发动机扭矩偏差	左、右发动机扭矩，地速	起飞，地速＞50 kn	＞5%	＞8%	2 s	—
4	起飞滑跑方向不稳定	磁航向，地速，前起轮载	对正跑道，为实际起飞而使用动力时起至前轮离地，地速大于50 kn	＞5°	＞8°	4 s	—
5	超过轮胎限制速度	地速	在起飞滑跑过程中前轮和主轮离地前	—	＞139 kn	—	—
6	起飞 ITT 超限	左、右发动机涡轮温度	起飞	—	≥800℃	3 s	—

序号	监控项目	监控参数	监控点	超限限定值			备注
				轻度超限	严重超限	持续时间	
7	中断起飞	指示空速	—	—	探测到	—	指示空速大于80 kn，且指示空速下降率大于10 kn/s
8	起飞形态警告	—	—	—	探测到	—	—
9	离地速度大	指示空速，主起轮载	主轮离地时刻	>130 kn	>135 kn	—	俯仰角为5°，襟翼为15°
10	离地速度小	指示空速，主起轮载	主轮离地时刻	<113 kn	<108 kn	—	俯仰角为5°，襟翼为15°
11	离地俯仰角大	俯仰角，主起轮载	主轮离地时刻	>8°	>10°	—	—
12	初始爬升速度大	指示空速，AAL	11～305 m	>150 kn	>160 kn	3 s	襟翼为15°
13	初始爬升速度小	指示空速，AAL	11～305 m	<125 kn	<118 kn	3 s	襟翼为15°
14	起飞滚转角大	滚转角，AAL	0～11 m（含）	>4°	>5°	—	—
15	爬升滚转角大	滚转角，AAL	11～61 m（含）	>8°	>10°	2 s	—
			61～122 m（含）	>10°	>15°	2 s	—

（续表）

序号	监控项目	监控参数	监控点	超限限定值			备注
				轻度超限	严重超限	持续时间	
16	滚转角大	滚转角，AAL	＞122 m	＞32°	＞34°	3 s	—
17	起飞后自动驾驶仪接通早	自动驾驶仪接通，AAL	自动驾驶仪接通时刻	—	＜305 m	—	—
18	自动驾驶仪断开晚	自动驾驶仪接通，AAL	自动驾驶仪断开时刻	—	＜122 m	—	—
19	初始爬升掉高度	垂直速度，AAL	11～305 m	—	IVV＜0	—	—
20	收起落架速度大	指示空速，起落架收	—	—	＞159 kn	—	—
21	放起落架速度大	指示空速，起落架放	—	—	＞159 kn	—	—
22	起飞收起落架晚	起落架收，AAL	—	＞61 m	＞91 m	—	—
23	收襟翼时高度低	襟翼位置，AAL	—	—	＜122 m	—	—
24	收襟翼晚	气压高度，襟翼位置	—	—	＞305 m	—	—
25	收襟翼速度小	指示空速，襟翼位置	—	—	＜125 kn	—	—
26	超过最大飞行空速（V_{mo}）	指示空速	—	—	＞223 kn	2 s	—
27	超过最大高度	气压高度	—	—	＞7 620 m	—	—
28	空中垂直过载大	垂直过载	—	—	＞1.8g_n	—	g_n 是标准自由落体加速度

（续表）

序号	监控项目	监控参数	监控点	超限限定值		持续时间	备注
				轻度超限	严重超限		
29	下降率大	IVV，AAL	610～305 m（含）	＞457 m/min	＞518 m/min	5 s	—
			305～152 m（含）	＞335 m/min	＞396 m/min	3 s	—
			152～15 m（含）	＞305 m/min	＞335 m/min	3 s	—
30	最终进近滚转角大	滚转角，AAL	305～152 m（含）	＞15°	＞20°	3 s	—
			152～61 m（含）	＞10°	＞15°	3 s	—
			61～15 m（含）	＞8°	＞10°	3 s	—
31	着陆滚转角大	滚转角，AAL	15 m 至所有机轮接地	＞5°	＞8°	2 s	—
32	最终进近速度大	指示空速，AAL	152～15 m（含）	＞135 kn	＞140 kn	3 s	—
33	最终进近速度小	指示空速，AAL	305～15 m（含）	＜115 kn	＜110 kn	2 s	—
34	ILS下滑道偏离	垂直偏差，AAL	305 m 以下	＞1.0 点	＞1.5 点	2 s	—
35	ILS航向道偏离	水平偏差，AAL	305 m 以下	＞1.0 点	＞1.5 点	2 s	—
36	选择着陆襟翼晚	襟翼位置，AAL	着陆襟翼伸出时刻	＜305 m	＜152 m	—	—
37	复飞构型不正确	襟翼位置，修正后油门杆角度，AAL起落架位置	修正后油门杆角度大于70°，襟翼由30°收至15°，AAL呈上升趋势，起落架收	—	修正后油门杆角度大于70°，IVV大于152 m/min持续3 s，襟翼	—	

（续表）

序号	监控项目	监控参数	监控点	超限限定值			备注
				轻度超限	严重超限	持续时间	
					保持 30°或修正后油门杆角度小于等于 70°		
38	非正常着陆襟翼落地	襟翼位置，起落架放	—	—	未按照规定放襟翼着陆	—	
39	接地速度大	指示空速，AAL	接地时刻	>115 kn	>120 kn	—	襟翼30°
40	接地速度小	指示空速，AAL	接地时刻	<95 kn	<90 kn	—	襟翼30°
41	接地俯仰角大	俯仰角，主起轮载	主轮接地时刻	>7°	>8°	—	—
42	接地俯仰角小	俯仰角，主起轮载	主轮接地时刻	<2°	<0.5°	—	—
43	15 m 至接地距离远	地速积分距离	15 m 至接地	>750 m	>1 000 m	—	—
44	着陆垂直过载大	垂直过载	接地前 2 s 至接地后 5 s 内	>1.6g_n	>1.9g_n	—	—
45	着陆滑跑方向不稳定	磁航向	前轮接地后	>5°	>8°	2 s	偏离跑道方向
46	烟雾警告	前舱、后舱、盥洗室烟雾警告	—	—	探测到	—	—
47	PULL UP 警告	PULL UP	—	—	探测到	—	—
48	TERRAIN PULL UP 警告	TERRAIN PULL UP	—	—	探测到	—	—

序号	监控项目	监控参数	监控点	超限限定值			备注
				轻度超限	严重超限	持续时间	
49	TERRAIN 地形抑制	地形抑制	—	—	探测到	—	—
50	TOO LOW TERRAIN 过低地形警告	TOO LOW TERRAIN	—	—	探测到	—	—
51	TOO LOW FLAP 襟翼构型警告	TOO LOW FLAP	—	—	探测到	—	—
52	TOO LOW GEAR 起落架构型警告	TOO LOW GEAR	—	—	探测到	—	—
53	SINK RATE 下降率大警告	SINK RATE	—	—	探测到	—	—
54	DON'T SINK 不要下降警告	DON'T SINK	—	—	探测到	—	—
55	GLIDE SLOPE 警告	GLIDE SLOPE	—	—	探测到	—	—
56	滑油温度过高	滑油温度	—	—	>125°	—	—
57	形态超速	襟翼位置，指示空速	襟翼位置 5°	>167 kn	>170 kn	3 s	—
			襟翼位置 15°	>159 kn	>162 kn	3 s	—
			襟翼位置 30°	>159 kn	>162 kn	3 s	—
58	抖杆警告	临界迎角	—	—	探测到	—	—

（续表）

序号	监控项目	监控参数	监控点	超限限定值			备注
				轻度超限	严重超限	持续时间	
59	驾驶舱高度警告	客舱失压	—	—	探测到	—	—
60	发动机空中停车	左发高压转速 Nhl，右发高压转速 Nhr		—	Nhl≤74% 或 Nhr≤74%	—	—
61	发动机火警	发动机火警	—	—	探测到	2 s	—
62	低燃油量警告	燃油剩余警告	—	—	探测到	—	—
63	着陆放起落架晚	起落架放，AAL	—	—	<100 m	—	—
64	复飞	—	—	—	探测到	—	—

7

展望

随着科技日新月异的发展,民用飞机飞行记录系统也在不断发展,未来将大力发展以下三个方向:飞行数据主动保护能力、飞行数据实时获取能力、民用飞机大数据应用技术。

7.1 飞行数据主动保护能力

航空器失事成因复杂,且传统飞行记录系统固定于飞行器之上,致使记录系统一旦随飞行器坠毁,记录器不易寻获,且记录器被毁坏的情况时有发生。因此具备飞行数据主动保护能力的抛放式记录器成了记录器发展的新方向。

对于现阶段航空器的海上失事,飞行记录器的定位和打捞一直是一项世界难题。据统计,1970—2009 年间,大型民用航空器的公海坠毁事件有 36 起,其中有 4 起未找到残骸,有 9 起未找到记录器。2009 年 6 月 1 日,法航一架 A330 客机在大西洋失事,出动军舰和潜艇搜寻 2 年时间,花费 3 200 万欧元后才找到飞机失事的具体位置和飞行记录器。2014 年 3 月 8 日,马航载有 239 人的 MH370 航班与地面失去联系,超过 25 个国家动用了卫星、军舰和飞机等装备,至今仍未找到飞行记录器。此事件再次使国际社会认识到飞机安装抛放式记录器的迫切性。

当飞行器坠毁时,抛放式记录器在抛放装置的作用下脱离机身,减少航空器受到事故现场强大冲击力的作用,在海面、水面失事的情况下,能自动漂浮在水面上,便于定位失事位置。抛放式记录器的应用极大地提高了数据保护率和记录器回收效率,并广泛应用于先进的航空器上。到目前为止,有超过 56 个国家,至少 4 000 架航空器安装了抛放式记录系统,其中 95% 是军用航空器,民用抛放式记录器主要应用在油田作业直升机和海上救援直升机上。

抛放式记录器已成为目前国际上记录器发展的重要方向之一。2012 年 11 月,国际民航组织第十二次空中航行会议报告(12 - WP/55)建议:在全球采取行动,尽快改进对海上和偏远区域飞行器位置追踪的手段,促进事故调查机构高效开展工作。会上的飞行记录器专家组提出:建议自 2016 年 1 月 1 日起,在远距离水上飞行或在指定陆地区域飞行的 5 700 kg 以上的飞机均安装能够将事故地点精确定位到 6 海里以内的机载记录设备,推荐采用抛放式记录器。2013 年,EUROCAE 颁布了 ED - 112A《坠毁保护机载记录系统最低工作性能规范》,该标准第 3 章规定了抛放式记录器的详细指标要求,对于固定翼航空器,强烈建议将抛放式记录器作为冗余记录设备使用。2017 年 6 月,空客公司在巴黎航展上宣布计划在 A350 飞机上安装抛放式记录器。

图 7 - 1 抛放式记录器外形

目前抛放式记录系统虽然已开始应用,但技术仍需不断完善,其发展方向主要有提高抛放式记录器的抗强冲击能力;提升利用抛放式记录器实现航空器事故地点的追踪获取能力;快速可靠地获取抛放式记录器里存储的数据。抛放式记录器外形如图 7 - 1 所示。

7.2 飞行数据实时获取能力

2014 年 3 月,马航 MH370 失联在全球引发了极大震动,ICAO 各成员国及全球业界正系统地推进航空器追踪和监控工作,并对飞机数据的有效获取手段提出建议性要求。

2018 年 10 月 29 日,印尼狮航波音 737MAX 飞机失事。2019 年 3 月 10 日,埃塞俄比亚航空公司波音 737MAX 飞机失事。惨痛的事实告诉人们,需要有一种有效的航班数据监测与分析方式,使得可以有效获取飞机关键数据、提升飞行安全水平。

具有飞行数据实时获取能力的新一代记录器成了一种发展趋势。通过与现有的完善卫星体系或 ATG 网络链接，实现与卫星或区域空、地宽带网络的互联通信，将飞机关键数据实时回传地面；并且可以通过记录器数据检索功能快速、便捷地获取飞机更多关键数据；同时，借助地面数据服务软件平台实现数据接收、处理、趋势分析等功能。卫星通信数据传输如图 7-2 所示，ATG 网络数据传输如图 7-3 所示。

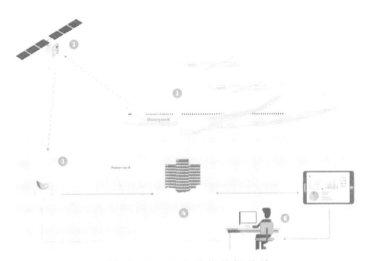

图 7-2 卫星通信数据传输

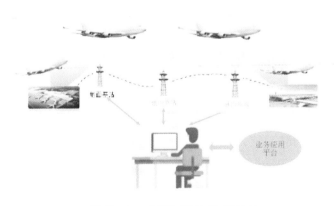

图 7-3 ATG 网络数据传输

具有飞行数据实时获取能力的新一代记录器可以提供航班数据监测与分析的全新方式,通过对关键数据的实时分析,减少飞机经停时间,提升飞机预测性维护能力,降低飞机运营成本。当飞机发生紧急情况时,通过记录器数据检索功能能够快速、便捷地获取飞机更多关键数据,完成风险预判,提升飞行安全水平。

7.3 民用飞机大数据应用技术

近年来,随着微型计算机、数据通信、软件等技术的不断发展,机载设备集成化、结构化、传感器综合化与智能化程度越来越高。一方面提高了飞机的自动化与智能水平;另一方面由于设备结构日益复杂,因此其发生操作异常、设备异常的潜在可能性越来越大,运营维护成本越来越高。机载设备一旦出现故障,轻则降低性能,影响飞行安全;重则设备损坏,机毁人亡。因此,通过分析数据,监测飞机健康状况,提前预测故障显得极为迫切。随着大数据技术的广泛应用,民机领域逐渐开始利用大数据分析数据。

民用飞机大数据应用技术主要是通过获取的飞行数据以及相关的运行签派数据和飞行计划数据,为航空公司、通航用户等提供飞行安全风险监测、飞机健康管理、运营优化分析等数据服务,帮助用户控制飞机维护与使用成本,提高飞机飞行安全性。

民机大数据应用是飞行数据记录系统中数据应用部分的重要发展方向。全球航空巨头如波音公司、空客公司等民机制造商在随飞机销售推荐 QAR 相关数据分析软件的同时,又开发了大数据应用平台,有偿提供大数据应用服务,如波音公司的 AHM 系统、SAGEM 公司的 E-GDM 系统等均通过建立数据中心收集飞机数据,向用户提供飞机健康管理服务。除了飞机制造商之外,设备制造商也开始利用大数据技术分析设备数据,监控设备运行情况。发动机制造商 GE 公司通过其 Predix 平台对发动机数据进行大数据分析,预测发动机故障,准确率将近 90%。

目前针对国产民用飞机开发的飞行数据应用技术主要基于单个计算机平台,其数据存储和数据管理方面的能力较弱,数据管理分散且不能共享。此外,由于不注重数据的积累,因此一些基于海量历史数据的深入分析技术,如数据挖掘、趋势预测等没有得到较好的发展。一些厂家也开始研究基于分布式网络结构的数据应用系统,但是目前还没有较为成熟的产品。数据不能很好地管理,使得数据检索效率低下,而且难以发挥飞行数据长期积累统计的作用。由于缺乏有效的数据存储与管理技术以及深入的数据分析应用,使得用户对这些海量的飞行数据利用率还很低,以致形成"信息孤岛",没有充分发挥飞行数据的价值,不利于飞机进行长期的健康状态管理与趋势监测。

从实际运营情况来看,国内航空公司在日常运营中积累了大量的飞行数据以及相关的运行签派数据、飞行计划数据等,数据规模巨大、数据种类繁杂,长期以来主要是利用某一段时间历史 QAR 数据进行飞行品质监控,而且使用的数据源相对孤立,不能有效地与飞行计划、ACARS 等其他重要的数据进行综合分析,数据的价值没有被充分挖掘。为解决上述问题,针对波音和空客等飞机,国内一些航空公司,如山航、海航、国航、东航等开始尝试搭建基于海量飞行数据的应用系统,应用大数据相关技术对飞行数据进行分析,节约燃油消耗,降低运营成本,提高飞行安全监控水平。从国内外航空数据应用及服务发展趋势可以看出,使用大数据技术对航空数据进行处理分析是记录系统中数据应用发展的必然趋势。但是,大数据平台下飞行数据分析系统的开发、维护以及飞行数据研究、分析需要投入大量的人力、物力,成本较高,也不是航空公司的核心业务,尤其对于规模较小的航空公司而言是一种负担。随着通用航空的发展,未来将会产生大量的个人或企事业单位的飞机用户,在过去的几年中,通用航空器年均增长数量约为 20%。对于通航用户来说,不可能投入大量的人力、物力进行数据分析、飞机维护。如何构建一种基于大数据技术的民机数据服务平台,对这些飞机进行客观的健康评估和监测,以便以较低成本实现飞机的维修监控,具有

重要意义。数据服务平台体系架构如图 7-4 所示。

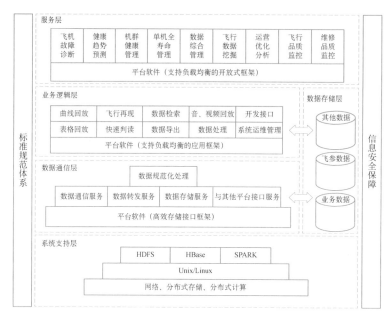

图 7-4 数据服务平台体系架构

大数据民机数据服务平台由数据接收服务器、计算机集群、网络设备等硬件以及软件系统组成。数据接收服务器用于实现对多个机载数据采集发射端通信,接收其发送过来的飞行数据,将其重新组包后发送给计算机集群组成的分析系统。计算机集群由多台高性能计算机通过高速局域网组成,用作数据处理分析挖掘的基础硬件支撑。软件系统基于 HDFS,Hbase 和 Spark 等分布式文件系统、分布式数据库以及分布式内存计算框架等,可以充分发挥计算机集群的性能,实现对数据的高效存储、处理、分析、推送等。数据服务平台通过互联网、移动互联网向用户终端提供数据服务,包括数据管理与回放、飞行品质监控、维修品质监控以及飞机健康管理、运营优化等。

通过大数据技术的优势对历史飞行数据进行深度分析,解决航空运营、安全监控、维修管理各个领域中的关键性问题,能够为我国民用航空及相关制造业带来巨大的社会效益,对民用航空制造业、服务业发展起到积极的推动作用。

参考文献

[1] ICAO 国际民用航空公约[S]. 2010.

[2] 胡朝江,陈列,杨全法. 飞机飞参系统及应用[M]. 北京:国防工业出版社,2012.

[3] 杨琳,舒平. 航空记录器的过去和未来[J]. 中国民用航空,2006(10):60-64.

[4] FAA. TSO-C51 Aircraft flight recorder [S]. 1958.

[5] FAA. TSO-C84 Cockpit voice recorders [S]. 1964.

[6] EUROCAE. ED-112A Minimum operational performance specification for crash protected airborne recorder systems [S]. 2013.

[7] FAA. TSO-C176a Cockpit image recorder equipment [S]. 2013.

[8] FAA. TSO-C177a Data link recorder equipment [S]. 2013.

[9] 任诗雨. 基于多路采样的宽带频谱感知技术研究[D]. 北京:北京邮电大学,2017.

[10] 赵知劲,张伟卫,郑仕链. 基于多子带信号采样和小波变换的宽带频谱感知[J]. 计算机应用研究,2011,28(6):2313-2316.

[11] 韦于伟. 以太网及FC网络的故障注入与监控技术设计实现[D]. 四川:电子科技大学,2017.

[12] 翟正军,羊昌燕,易川,等. 基于AFDX的高速数据采集记录系统设计与实现[J]. 测控技术,2013,32(5):17-20.

[13] 金德琨,敬忠良,王国庆,等. 民用飞机航空电子系统[M]. 上海:上海交通大学出版社,2011.

[14] HB 20240 防护记录器坠毁幸存试验要求和方法[S]. 2014.

[15] 中国民航规章395部 民用航空器事故和飞行事故征候调查规定[S]. 北京:中国民用航空局飞行标准司,2007.

[16] 谢孜楠. 飞行记录器在民航飞行安全中的应用[C]//全国航空航天装备失效分析

会议. 2000.

[17] 任和,邱明杰,王志强,等. 飞机运行安全与事故调查技术[M]. 上海:上海交通大学出版社,2017.

[18] AC‐121/135‐FS‐2012‐45 飞行品质监控(FOQA)实施与管理[S]. 北京:中国民用航空局飞行标准司,2012.

缩略语

A

AFDX	avionics full duplex switched ethernet	航空电子全双工交换式以太网
AC	advisory circular	咨询通告
ACMS	aircraft condition monitoring system	飞机状态监控系统
ADFR	air deployable flight recorder	抛放式飞行记录器
AEEC	Airline Electronic Engineering Committee	航空电子工程委员会
AIDS	aircraft integrated data system	飞机综合数据系统
AIR	airborne image recorder	机载图像记录器
AIRS	airborne image recording system	机舱图像记录系统
APM	aircraft performance monitoring	飞机性能监控
ARINC	Aeronautical Radio，Incorporated	美国航空无线电公司

B

| BITE | built-in test equipment | 机内测试设备 |

C

CAAC	Civil Aviation Administration of China	中国民用航空局
CAB	Civil Aeronautics Board	(美)民用航空委员会
CCAR	Chinese civil aviation regulations	中国民用航空规章
CFDIU	Centralized fault display interface unit	中央故障显示接口单元
COTS	commercial off the shelf	商用货架产品
CSMU	crash survivable memory unit	坠毁保护存储单元
CTSO	China technical standard order	中国技术标准

CTSOA	China technical standard order approval	中国技术标准项目批准书
CVR	cockpit voice recorder	驾驶舱话音记录器
CVRS	cockpit voice recording system	驾驶舱话音记录系统

D

DFDAU	digital flight data acquisition unit	数字化飞行数据采集器
DFDR	digital flight data recorder	数字化飞行数据记录器
DLR	data link recorder	数据链记录器
DLRS	data link recording system	数据链记录系统

E

EAFR	enhanced airborne flight recorder	增强型机载飞行记录器
EASA	European Aviation Safety Agency	欧洲航空安全局
ELT	emergency locating transmitter	应急定位发射机
EUROCAE	European Organization for Civil Aviation Equipment	欧洲民用航空设备组织

F

FAA	Federal Aviation Administration	(美)联邦航空管理局
FCOM	flight crew operation manual	飞行机组操作手册
FDAU	flight data acquisition unit	飞行数据采集器
FDEP	flight data entry panel	飞行数据输入面板
FDIU	flight data interface unit	飞行数据接口单元
FDR	flight data recorder	飞行数据记录器
FDRS	flight data recording system	飞行数据记录系统
FHA	function hazardous assessment	功能危险性评估

FM	frequency modification	调频制
FOQA	flight operations quality assurance	飞行操作品质监控
FSF	Flight Safety Foundation	飞行安全基金会

G

GMDSS	global maritime distress and safety system	全球海上遇险与安全系统

I

ICAO	International Civil Aviation Organization	国际民用航空组织
I/O	input / output	输入/输出

M

MDA	modification design approval	改装设计批准合格审定
MOPS	minimum operational performance specification	最低工作性能规范

N

NRZ	non-return-to-zero	不归零制
NTSB	National Transportation Safety Board	（美国）国家运输安全委员会

O

OMS	onboard maintenance system	机载维护系统

P

PM	phase modification	调相制
PMA	part manufacturer approval	零部件制造人批准书
PSSA	primary system safety assessment	初步系统性安全性评估

Q

QAR	quick access recorder	快速存取记录器
RDC	remote data concentrator	远程数据集中器
RIPS	recorder independent power supply	记录器独立电源

RTCA	Radio Technical Commission for Aeronautics	美国航空无线电技术委员会
	S	
SAE	Society of Automotive Engineers	国际自动机工程师学会
SOP	standard operational procedure	标准操作程序
SSFDR	solid state flight data recorder	固态飞行数据记录器
STC	supplement type certificate	补充型号合格审定
	T	
TAA	tri-axial accelerometer	三轴加速度计
TC	type certificate	型号合格审定
TSO	technical standards orders	技术标准指令
	U	
ULB	underwater locator beacon	水下定位信标
	V	
VTC	verification of type certificate	型号认可合格审定
VSTC	verification supplement of type certificate	补充型号认可合格审定
	W	
WQAR	wireless quick access recorder	无线快速存取记录器

索　引

大飞机出版工程　书目

《复合材料连接》

《飞机结构设计与强度计算》

三期书目(已出版)

《适航理念与原则》

《适航性:航空器合格审定导论》(译著)

《民用飞机系统安全性设计与评估技术概论》

《民用航空器噪声合格审定概论》

《机载软件研制流程最佳实践》

《民用飞机金属结构耐久性与损伤容限设计》

《机载软件适航标准 DO－178B/C 研究》

《运输类飞机合格审定飞行试验指南》(编译)

《民用飞机复合材料结构适航验证概论》

《民用运输类飞机驾驶舱人为因素设计原则》

四期书目(已出版)

《航空燃气涡轮发动机工作原理及性能》

《航空发动机结构强度设计问题》

《航空燃气轮机涡轮气体动力学:流动机理及气动设计》

《先进燃气轮机燃烧室设计研发》

《航空燃气涡轮发动机控制》

《航空涡轮风扇发动机试验技术与方法》

《航空压气机气动热力学理论与应用》

《燃气涡轮发动机性能》(译著)

《航空发动机进排气系统气动热力学》

《燃气涡轮推进系统》(译著)

《燃气涡轮发动机的传热和空气系统》

五期书目(已出版)

《民机飞行控制系统设计的理论与方法》

《民机导航系统》

《民机液压系统》(英文版)

《民机供电系统》

《民机传感器系统》

《飞行仿真技术》

《民机飞控系统适航性设计与验证》

《大型运输机飞行控制系统试验技术》

《飞行控制系统设计和实现中的问题》(译著)

《现代飞机飞行控制系统工程》

六期书目(已出版)

《民用飞机构件先进成形技术》

《民用飞机热表特种工艺技术》

《航空发动机高温合金大型铸件精密成型技术》

《飞机材料与结构检测技术》

《民用飞机构件数控加工技术》

《民用飞机复合材料结构制造技术》

《民用飞机自动化装配系统与装备》

《复合材料连接技术》

《先进复合材料的制造工艺》（译著）

七期书目（已出版）

《支线飞机设计流程与关键技术管理》

《支线飞机验证试飞技术》

《支线飞机电传飞行控制系统研发及验证》

《支线飞机适航符合性设计与验证》

《支线飞机市场研究技术与方法》

《支线飞机设计技术实践与创新》

《支线飞机项目管理》

《支线飞机自动飞行与飞行管理设计与验证》

《支线飞机电磁环境效应设计与验证》

《支线飞机动力装置系统设计与验证》

《支线飞机强度设计与验证》

《支线飞机结构设计与验证》

《支线飞机环控系统研发与验证》

《支线飞机运行支持技术》

《ARJ21‑700 新支线飞机项目发展历程、探索与创新》

《飞机运行安全与事故调查技术》

《基于可靠性的飞机维修优化》

《民用飞机实时监控与健康管理》

《民用飞机工业设计的理论与实践》

八期书目(已出版)

《航空电子系统综合化与综合技术》

《民用飞机飞行管理系统》

《民用飞机驾驶舱显示系统》

《民用飞机机载总线与网络》

《航空电子软件开发与适航》

《民用机载电子硬件开发实践》

《民用飞机无线电通信导航监视系统》

《飞机环境综合监视系统》

《民用客机健康管理系统》

《航空电子适航性分析技术与管理》

《民用飞机客舱与机载信息系统》

《民用飞机驾驶舱集成设计与适航验证》

《航空电子系统安全性设计与分析技术》

《民机飞机飞行记录系统——"黑匣子"》

《数字航空电子技术(上、下)》